U0235176

随机系统数值稳定性分析

张宇 著

中国商务出版社

·北京·

图书在版编目（CIP）数据

随机系统数值稳定性分析 = Numerical Stability
Analysis of Stochastic Systems / 张宇著. -- 北京 ：
中国商务出版社，2025.1
ISBN 978-7-5103-5057-3

Ⅰ．①随… Ⅱ．①张… Ⅲ．①随机系统－数值方法－
稳定性－研究 Ⅳ．①O231

中国国家版本馆CIP数据核字（2024）第023146号

随机系统数值稳定性分析

张宇 著

出版发行：中国商务出版社有限公司
地 址：北京市东城区安定门外大街东后巷 28 号 邮编：100710
网 址：http://www.cctpress.com
联系电话：010-64515150（发行部） 010-64212247（总编室）
　　　　　010-64243016（事业部） 010-64248236（印制部）
策划编辑：刘姝辰
责任编辑：韩冰
排 版：德州华朔广告有限公司
印 刷：北京明达祥瑞文化传媒有限责任公司
开 本：710 毫米×1000 毫米 1/16
印 张：12.75 字 数：200 千字
版 次：2025 年 1 月第 1 版 印 次：2025 年 1 月第 1 次印刷
书 号：ISBN 978-7-5103-5057-3
定 价：80.00 元

P 前言
REFACE

在自然和社会状态中，动力系统可以刻画大多数事物的变化规律。动力系统大体可以划分为确定性系统和随机系统。随机系统在许多领域中发挥着非常重要的作用，近年来，许多研究者从不同角度研究了随机系统，并得到了许多令人瞩目的成果。本书从两个方面讨论了随机系统的稳定性问题，一方面，随机微分方程作为一类随机系统，其解析解很难获得，此时，借助数值方法来研究随机微分方程在许多实际问题中是非常有效的。另一方面，讨论了几类混沌随机系统的稳定性分析。本书一共分为11章，主要从稳定性的角度阐述三个主要部分，并展开研究。

第一部分共三章，第1章为绪论，主要介绍了随机系统的基本概况；第2章为概率论基础的相关知识点，主要介绍了随机变量和随机过程等基础理论知识；第3章给出了随机微分方程的形式、伊藤公式和解的存在唯一性。

第二部分共四章，第4章研究了一类半线性随机系统的稳定性，构造了半线性随机比例微分方程指数 Euler 方法的数值格式，在 Lipschize 条件和解析解均方稳定的条件下，指数 Euler 方法对任意的非零步长均可以保持均方稳定性；第5章研究了随机延迟积分-微分方程的数值方法稳定性，构造了分布向后 Euler 方法，分布向后 Euler 方法保持了均方稳定性；第6章提出了一种改进的分步法——分步复合法，被用来研究具有固定延迟的随机微分方程的均方稳定性；第7章考虑了一类 Poisson 白噪声激励下的随机系统，针对 Poisson 白噪声激励下线性的随机延迟微分方程，在解析解稳定的充分条件下，当步长足够小时，指数 Euler 方法可以产生均方稳定性。为了得到更好的稳定性，构造了 Poisson 白噪声激励下半线性的随机延迟微分方程补偿指数 Euler 数值方法，并证明了该数值方法以任意步长保持原系统的均方稳定性。

第三部分共四章，第 8 章是一类 Gauss 白噪声激励下的随机系统。在物理背景和实际意义下建立数学模型，并利用 Melnikov 方法分析了带有 Mathieu-Duffing 振子两质量相对转动系统在 Smale 马蹄意义下出现混沌动力学行为。引入 Gauss 白噪声后，可以使系统由不稳定状态转为稳定状态，实现系统的稳定化。第 9 章为利用随机相位实现 Bonhoeffer-Van der Pol 系统的混沌控制，并实现系统的稳定性。第 10 章研究了薄板系统的随机混沌控制，介绍了所研究方程的物理背景及在没有扰动的情况下系统的不稳定现象。通过利用 Gauss 白噪声作为随机相位对系统进行扰动，实现薄板系统的稳定性。第 11 章介绍了随机相位对形状记忆合金转子系统模型的影响。在这一章中，通过在系统的相位上分别添加 Gauss 白噪声和 Gauss 色噪声，使系统产生混沌行为，由稳定状态转变为混沌状态。稳定性分析是逆过程，对一些事物的内在规律也有一定的影响。

感谢中国商务出版社的同事、老师们，他们严谨和细致的工作对我有着深远的影响。由于时间仓促，不足之处在所难免，还请读者批评指正。

作者

2024 年 10 月

目录
CONTENTS

第1章　绪论

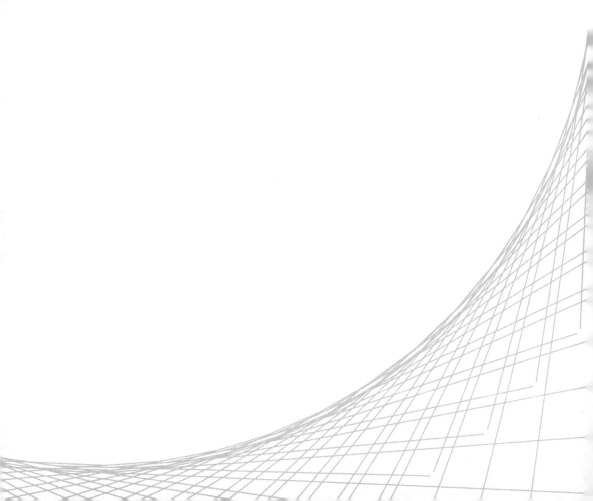

1.1 引言

在自然和社会状态中，大多数事物可以通过动力系统刻画变化规律，动力系统大体可以划分为确定性系统和随机系统。确定性系统是指所有的状态变量都可以用确定的函数来描述，其系统的变化规律是完全可以确定的；而随机系统是带有某种不确定性的。目前，确定性系统已经在物理、化学、电子、工程和金融等领域有了广泛的应用。然而，在实际的应用中，随机因素是客观存在的，如果随机因素对所应用系统影响不大或没有改变系统状态时，随机因素可以忽略不计，从而变化成确定性系统；如果随机因素的存在改变了系统原有的运动特征或者打破了系统的平衡状态，这时就不得不考虑随机因素的影响。例如，在航天系统模型中气流和天气的影响、在工程系统模型中环境噪声的影响和在股票系统模型中未知风险的影响等。因此，研究这些随机因素对动态系统的影响是十分必要的。

在众多的随机因素中，时间延迟是一种典型的随机扰动，它是指一个动力系统的行为不仅取决于当前系统的状态，还与过去或者未来的状态有关。例如，在人口增长系统中，人口的数量不仅与增长率有关，而且与过去时间内人口的数量有关，如果忽略了过去时间内的人口数量，则可能会引发人口密集等情况；在神经网络系统中，我们要考虑信号传入和输出时信息反馈的时间延迟，如果没有考虑时间延迟的影响，在很大程度上会破坏系统原有的本质。因此，一直以来，延迟系统的理论分析和实际应用都是许多学者致力于研究的一个方向。

随机噪声是客观存在、不可避免的一种随机因素，在实际应用的系统中，为了能够描述出这种随机因素的表现形式，通常化成比较平稳的 Gauss 白噪声。但是，有时候随机噪声的存在形式是突发的、不平稳的，这时就不能用 Gauss 白噪声来模拟这种随机因素，而 Poisson 白噪声则可以描述这种随机噪声的表现形式。近年来，为了更精确地描述随机系统的动力学特征，很多学者将 Gauss 白噪声和 Poisson 白噪声作为随机因素加入系统中，从而形成一类跳跃的随机系统。这类系统已经引起了广大学者的关注，成为研究的热点课题。一般来说，随机噪声的存在往往被认为是干扰系统原本状态的因素，是生活中想避免或者根除的随机因素。但是，对于一些工程上的问题，随机噪声的存在是有利的，对系统的发展状态有正面的影响。因此，合理地利用随机噪声对系统的作用是具有深远意义的。

微分方程是为描述自变量与未知函数或自变量与未知函数导数之间的关系而建立的一种数学模型。在这种数学模型中考虑随机因素的影响，从而形成一类新型的微分方程——随机微分方程，它是随机系统中最常见的一种表现形式。著名数学家 Itô 在 1951 年发表划时代著作《论随机微分方程》中首次给出了随机 Itô 积分的定义，并提出了 Itô 型随机微分方程这一新的数学概念。随机微分方程作为概率论与数理统计学科中一个新兴的重要分支，引起了广大学者的研究兴趣。目前，其应用已经渗透到自然科学、实际工程等各大领域中。随机微分方程的不断发展和完善，已经形成了比较完整的理论体系，出现了很多经典的专著和文献。其中，Arnold 在 1974 年发表的专著里阐述了随机微分方程的基本理论和应用；随后，Ikeda 和 Watanable 在他们的著作里分析了随机微分方程和扩散过程之间的联系与应用；Kunita 在其著作中给出了随机流和随机微分方程的关系。这些理论知识是了解和掌握随机微分方程必备的基础条件，对随机微分方程的研究和探索起到了指导作用。在随机微分方程的基础上，Mao 在其专著中详细地阐述了随机泛函微分方程和中立性随机泛函微分方程的一般理论与研究方法。Lakshmikantham 在其著作里提出了脉冲随机微分方程的基本理论。在这几类随机系统中考虑时间延迟，可以形成中立性随机延迟泛函微分方程和脉冲随机延迟微分方程等。他们的理论知识都可以从随机微分方程中延拓出来。因此，掌握了这些随机系统的理论知识，在描述一个实际应用的系统模型时，得到的结论和效果是最佳的。

稳定性是描述一个系统状态的重要特征，与之对应的是不稳定性。稳定性是维持一个系统正常运转的必备因素，也是随机微分方程重要的性质之一。因此，研究系统的稳定性具有重大意义。早在 17 世纪，稳定性的概念就为 Torricelli 原理所呈现出来，但是在动力系统方面，一直没有给出稳定性严格、精确的数学定义，直到 1892 年，俄国数学家 Lyapunov 在他的博士论文中首次提出了稳定性的概念和方法，进而奠定了稳定性理论的基础。随着随机系统的发展，人们开始将确定性系统的稳定性理论应用于随机系统。Byay 构造了 Lyapunov 函数来分析随机系统的稳定性。由于构造的 Lyapunov 函数有一定的局限性，于是 Mao 将 LaSalle 不变性定理应用于随机系统，创建了随机形式的 LaSalle 不变性定理，避免了这一局限性。稳定性在实际的随机系统中更是不能被忽视的。例如，在生态系统中，总有环境、生物种类等随机因素来破坏生态平衡，一旦系统的自身调节能力和恢复能力不能承受这种干扰，生态系统将会遭到破坏。又如，在控制系统中，特别是混沌控制系统，混沌现象的控制其本质就是稳定性的问题。从而我们可以看到稳定性的理论已经延扩到数学专业以外的各个专业中。由于稳定性理论知识的不断丰富，其方法及其应用在未来也会有很好的发展前景。

1.2 随机系统的基本概况

随着科技的飞速发展，现实生活的不断提高，人们对事物的描述和刻画越来越精确。这时，确定性系统已经满足不了人们的需求。因此，随机系统的研究不仅具有理论意义，而且有实际的应用价值。本节将主要介绍几类典型随机系统的发展概况。

随机微分方程是微分方程理论和随机过程理论相结合而形成的一类可以表示随机系统的模型。例如，一个简单的人口增长模型

$$\dot{N}(t) = a(t)N(t)$$

式中，初始值 $N(0) = N_0$；$a(t)$ 为人口增长速度；$\dot{N}(t)$ 为 t 时刻的人口数量。

考虑随机环境噪声对 $a(t)$ 的影响。$a(t)$ 的变化过程可表示为

$$a(t) = r(t) + \sigma(t)\text{"白噪声"}$$

代入人口增长模型方程可得

$$\dot{N}(t) = r(t)N(t) + N(t)\sigma(t)\text{"白噪声"}$$

这里的"白噪声"，用 $\dot{B}(t)$ 表示，其导数形式 $\dot{B}(t) = \mathrm{d}B(t)/\mathrm{d}t$，$B(t)$ 称为 Brown 运动，或者 Wiener 过程。这个例子反映了确定性系统与随机系统之间的联系。

随机微分方程作为随机系统的基础，大体可以分为 Itô 型随机微分方程和 Stratonovich 型随机微分方程，Itô 型随机微分方程的数学模型为

$$\begin{cases} \mathrm{d}x(t) = f(t, x(t))\mathrm{d}t + g(t, x(t))\mathrm{d}W(t) \\ x(0) = x_0 \end{cases} \quad (1-1)$$

这里，x_0 为初始值，$t_0 \leqslant t \leqslant T$，$f : [t_0, T] \times R^d \rightarrow R^d$ 定义为方程的漂移项，$g : [t_0, T] \times R^d \rightarrow R^{d \times m}$ 定义为方程的扩散项，$W(t) = (W_1(t), W_2(t), \cdots, W_m(t))^{\mathrm{T}}$ 是 m 维的 Wiener 过程。根据 Itô 积分的定义，式（1-1）可以写成积分的形式

$$x(t) = x_0 + \int_{t_0}^{t} f(s, x(s))\mathrm{d}s + \int_{t_0}^{t} g(s, x(s))\mathrm{d}W(s) \quad (1-2)$$

式中，$\int_{t_0}^{t} g(s, x(s))\mathrm{d}W(s)$ 为 Itô 积分项。

Stratonovich 型随机微分方程的数学模型为

$$\begin{cases} \mathrm{d}x(t) = f(t, x(t))\mathrm{d}t + g(t, x(t)) \circ \mathrm{d}W(t) \\ x(0) = x_0 \end{cases} \quad (1-3)$$

其积分形式为

$$x(t) = x_0 + \int_{t_0}^{t} f(s, x(s))\mathrm{d}s + \int_{t_0}^{t} g(s, x(s)) \circ \mathrm{d}W(s) \quad (1-4)$$

式中，$\int_{t_0}^{t} g(s, x(s)) \circ \mathrm{d}W(s)$ 为 Stratonovich 积分项。本书主要以 Itô 型随机微分方程为研究对象。

Stratonovich 型随机微分方程（SDE）是随机过程理论中的一种微分方程，它在模拟受随机扰动影响的系统时非常有用，特别是在物理学和工程学中。与伊藤型 SDE 相比，Stratonovich 型 SDE 在数学处理和物理解释上

有一些不同的特点，使它们在某些情况下更为适用。其特点是 Stratonovich 积分满足经典的链式法则，在进行变量替换时更为直观和方便，这一特点在物理建模中尤其重要，由于其满足链式法则，Stratonovich 型 SDE 在物理上的解释更为直接，特别是在需要考虑系统与环境相互作用的场合。虽然 Stratonovich 型 SDE 在理论上具有一些优点，但在数值模拟方面，伊藤型 SDE 通常更容易处理。

虽然 Stratonovich 型 SDE 在某些方面更符合物理直觉，但在实际的数值求解和分析中，人们常常将它们转换为等价的伊藤型 SDE，因为伊藤型 SDE 在数学处理上更为便捷。这种转换涉及对漂移项的修正，这个过程称为 Stratonovich 到伊藤的转换，它利用了所谓的 Stratonovich 校正项来进行调整。

Syski 将随机微分方程大体分为三种类型，一是指方程的本身没有受随机因素的影响，而随机性是源于方程初始条件的变化，这种类型称为具有随机初始条件的随机微分方程；二是指一类具有随机作用项的随机微分方程；三是指在随机系数作用下而形成的一类随机微分方程。无论哪种类型的随机微分方程，在理论和应用上都已经得到很多成果。下面，针对实际生活中常见的问题，介绍几种不同领域随机微分方程的数学模型。

期权定价 Black-Scholes 模型：

$$\begin{cases} \mathrm{d}x(t) = \mu x(t)\mathrm{d}t + \sigma x(t)\mathrm{d}W(t) \\ x(0) = x_0 \end{cases}$$

这里的 $x(t)$ 表示证券价格，随着时间 t 变化而变化，x_0 为证券的初始价格，μ 为证券价格的平均收益率，σ 为证券价格的波动率，$W(t)$ 为标准的 Wiener 过程。证券价格的波动是随机的。于是，这个模型可以看作一类简单的线性随机微分方程。它的提出在经济学科中期权定价方面被认为是最杰出的贡献，在金融领域起到很大的作用。

Black-Scholes 模型是一种著名的数学模型，用于估算欧式期权的理论价格。1973 年，Fischer Black 和 Myron Scholes 发表了这个模型，随后 Robert Merton 对其进行了扩展和完善。该模型在金融学领域具有革命性的意义，为期权定价提供了一种基于连续时间的分析框架。Black-Scholes模型广泛应用于金融行业期权的定价和风险管理，它的推出促进了衍生品市场的发展。然而，该模型也有其局限性，如它假设波动率和无风险利率是恒定的，但在实际市场中这些参数往往是变化的。此外，模型假定市场是完全有效的，没有交易成本和税收等因素的考虑。尽管如此，Black-Scholes模型仍然是理解和分析期权及其他金融衍生品的一个重要工具。

C-R-L 电路模型：

$$L\ddot{Q}(t) + R\dot{Q}(t) + \frac{1}{C}Q(t) = U(t) = G(t) + \alpha\dot{W}(t)$$

式中，$Q(t)$ 为 t 时刻的电荷量；C、R、L 分别为电容、电阻、电感；$G(t)$ 为 t 的一般函数；$\dot{W}(t)$、α 为白噪声、噪声强度；$\dot{W}(t)$ 为 Wiener 过程的导数形式，即 $\dot{W}(t) = dW(t)/dt$。如果令 $x(t) = (Q(t), \dot{Q}(t))^{\mathrm{T}}$，则上式可以写成如下形式的随机系统：

$$dx(t) = [Mx(t) + N(t)]\,dt + I\,dW(t)$$

其中，

$$M = \begin{pmatrix} 0 & 1 \\ -1/CL & -R/L \end{pmatrix}, \ N(t) = \begin{pmatrix} 0 \\ G(t)/L \end{pmatrix}, \ I = \begin{pmatrix} 0 \\ \alpha/L \end{pmatrix}$$

很容易看出，噪声强度 α 是干扰系统的因素；当 $\alpha = 0$ 时，系统退化为确定性系统；当 $a \neq 0$ 时，系统可以看作一个二阶的随机微分方程。

C-R-L 电路模型是一种包含电容器（C）、电阻器（R）和电感器（L）的电路模型。这种电路在电子学和电气工程中非常常见，被广泛应用于滤波器设计、信号处理、电源管理等领域。C-R-L电路可以展示出丰富的动态行为，包括振荡、阻尼和共振现象。其组成是在一个串联的C-R-L电路中，电容器、电阻器和电感器被顺序连接。该电路的基本方程可以通过Kirchhoff电压定律（KVL）来建立，即电路中的总电压等于各个元件上电压之和。

随机神经网络模型为

$$\begin{cases} dx(t) = \left[-Bx(t) + Ag(x(t))\right]dt + \sigma x(t)dW(t) \\ x(0) = x_0 \end{cases}$$

式中，$x(t)$ 为神经元的输入；x_0 为初始的神经元；$A = (a_{ij}) \in R^{d \times d}$，$B = \mathrm{diag}(b_1, b_2, \cdots, b_d)$，$b_i > 0$，$1 \le i \le d$，$g(x(t)) = [g_1(x_1(t)), g_2(x_2(t)), \cdots, g_d(x_d(t))]^T$。上式随机系统模型可以看作一类半线性随机微分方程。随机神经网络系统主要应用于处理信号、记忆、识别等方面，由于系统的随机性比较复杂，研究随机因素对系统的影响是比较有意义的。

以上介绍的随机系统都与当前状态有关，而在实际应用的过程中，系统的行为往往不仅受当前状态的影响，也会受一些时间延迟的影响。如果受到的影响不能改变系统原有的状态，这时可以忽略时间延迟这类随机因素。但是，不是所有的时间延迟都可以忽略不计。例如，在发射火箭时，1s 的时间延迟就可能改变预期的效果。这个例子表明系统当前的动力学行为受到之前状态的影响。能够描述这种行为的随机系统被称为随机延迟微分方程，它也可以看作确定性延迟微分方程和随机微分方程相结合的表现形式，具体的数学模型为

$$\begin{cases} \mathrm{d}x(t) = f(t, x(t), x(t - \tau))\mathrm{d}t + g(t, x(t), x(t - \tau))\mathrm{d}W(t) \\ x(t) = \varphi(t) \end{cases} \tag{1-5}$$

1964 年，Itô 和 Nisio 首次提出随机延迟微分方程，并给出解的存在性定理。随后，有关随机延迟微分方程在随机控制问题、解的存在性等方面有显著的成果。在上述随机延迟微分方程中，延迟项 τ 是固定的常数，但是在客观反映遇见的问题时，延迟项不一定是固定的常数，这种情况下的随机延迟微分方程称为随机变延迟微分方程，具体形式为

$$\begin{cases} \mathrm{d}x(t) = f(t, x(t), x(t - \delta(t)))\mathrm{d}t + g(t, x(t), x(t - \delta(t)))\mathrm{d}W(t) \\ x(t) = \varphi(t) \end{cases} \tag{1-6}$$

这里，$\delta(t)$ 是延迟项，不是固定的常数延迟，是可变的。近年来，有关随机变延迟微分方程的研究也逐渐多了起来。Tan 和 Jin 研究了在 Wiener 过程与跳跃过程双重激励下随机变延迟微分方程的弱收敛性。Wu 和 Huang 通过使用固定点理论证明了一类非线性中立型随机变延迟微分方程的均方渐近稳定性。

随机常延迟微分方程中的延迟项 τ 和随机变延迟微分方程中的延迟项 $\delta(t)$

都是有界的，即 $\lim\limits_{t\to\infty}\delta(t)<\infty$。当延迟项无界时，即 $\lim\limits_{t\to\infty}\delta(t)=\infty$，这类方程称为随机无界延迟微分方程。随机比例微分方程是最具有代表性的一类随机无界延迟微分方程，其数学模型为

$$\begin{cases} \mathrm{d}x(t)=f(t,x(t),x(qt))\mathrm{d}t+g(t,x(t),x(qt))\mathrm{d}W(t) \\ x(t)=\varphi(t) \end{cases} \quad (1-7)$$

这里，$0<q<1$，当 $t\to\infty$ 时，$qt\to\infty$，即延迟是无界的。在不考虑随机噪声的情况下，式（1-7）是确定性的比例微分方程，目前比例微分方程的研究和应用已经在生物技术、物理、工程等各种领域取得了很多成果。然而，对于随机比例微分方程，文献还不是很多。因此，对随机比例微分方程的研究具有深远的前景。

延迟积分-微分方程（DIDE）是一类在动态系统描述中考虑了延迟效应的数学模型。这些方程不仅包含对系统当前状态的微分表述，还整合了过去状态对当前变化的影响，使模型能够更加准确地反映具有记忆性和延迟响应特征的物理、生物或工程系统。

延迟积分-微分方程是比延迟微分方程更为复杂的一类微分方程，它已经成为生物学、医学、动力学和流体力学众多学科中解决问题的有效工具。由于延迟积分-微分方程中不仅包含积分项，而且具有延迟项，所以一般很难求出方程的解析解，为了刻画延迟积分-微分方程的状态，其数值研究和理论算法已经得到一些显著的成果。如果在延迟积分-微分方程中，考虑随机噪声的影响，构造一类随机延迟积分-微分方程，即

$$\begin{cases} \mathrm{d}x(t)=f((x(t),x(t-\tau),\int_{t-\tau}^{t}x(s)\mathrm{d}s)\mathrm{d}t+g(x(t),x(t-\tau),\int_{t-\tau}^{t}x(s)\mathrm{d}s))\mathrm{d}W(t) \\ x(t)=\varphi(t) \end{cases} \quad (1-8)$$

式中，$\tau>0$ 为常延迟。从客观的角度来看，随机延迟积分-微分方程可以看作延迟积分-微分方程和随机延迟微分方程的结合体，它是随机泛函微分方程中的一种特殊表示形式。因此，我们可以通过学习延迟积分-微分方程和随机泛函的相关理论来研究这类随机系统的基础知识与实际应用。

随机延迟积分-微分方程有记忆效应、延迟响应和复杂动态行为等特征。记忆效应是指随机延迟积分-微分方程通过积分项引入系统的历史依赖

性，反映了系统的记忆效应。延迟响应是指延迟项使系统的当前状态不仅受即时因素的影响，还受过去一段时间内因素的累积影响。复杂动态行为是指引入延迟和历史依赖性使系统可能表现出更加复杂的动态行为，如周期解、混沌或稳定性变化。

随机延迟积分 - 微分方程有广泛的应用领域。生物学上，在种群动力学、传染病模型和神经科学中，此方程能够描述种群增长、疾病传播和神经元活动中的时间延迟效应。工程学上，在控制系统、网络通信和机械系统的震动分析中，此方程用于建模系统的延迟反馈和控制过程。在宏观经济模型中，此类方程可以用来表示经济变量之间的动态调整过程和政策效应的延迟。

由于 DIDE 的解析解通常难以获得，数值方法（如延迟微分方程求解器）是研究这类方程的重要工具。理论分析可能涉及稳定性理论、分岔理论和动力系统理论，以探讨系统解的性质和行为。模型的复杂性要求高级的数学和计算技术，以及对系统特定领域知识的深入理解。

上面所提到的随机系统都是将 Gauss 白噪声作为随机因素进行扰动的，但是在现实生活中，随机噪声不都是平稳的 Gauss 白噪声。如果按照噪声频率来分，噪声可分为 Gauss 白噪声和非 Gauss 白噪声，其中，Poisson 白噪声是非 Gauss 白噪声中最具有代表性的噪声。例如，在证券市场中股票的大幅涨停、生态种群中物种突然灭亡等现象，这类随机因素是不连续的、突发的。在此情况下，已经不能用 Gauss 白噪声来模拟这样的随机过程，而 Poisson 白噪声可以刻画这类随机因素的表现形式。如果考虑时间延迟的同时，用 Gauss 白噪声和 Poisson 白噪声同时对系统进行激励，建立一类 Poisson 白噪声激励下的随机延迟微分方程。在这种类型的随机系统中，随机因素较多，它们可能相互影响、相互制约，将对系统的稳定性产生不可预料的影响。因此，稳定性的研究是具有价值和意义的。

1.3 随机系统的数值分析

随机微分方程已经成为概率论中一个重要的分支。稳定性作为随机微分方程的两大性质之一，是方程动态行为的表现形式，也是一个随机系统维持正常工作或运转的必要条件。因此，稳定性不论在系统稳定方面还是在数值分析方面都是研究的核心内容。对于随机系统的稳定性，常用的方法是构造 Lyapunov 函数法，或者利用 Razumikhin-type 定理和线性矩阵不等式（LMI）的方法。 Lyapunov 函数法主要的优势在于不用计算出方程解析解的表达式，而是通过构造 Lyapunov 函数来判断方程的稳定性，但局限之处为 Lyapunov 函数不容易构造出来；LMI 方法对判断延迟系统的稳定性有一定作用，但需要结合计算机技术，不适合普遍应用。很多学者提出了通过解析解来研究随机微分方程的稳定性，然而对于随机微分方程，除少数线性方程外，很难得到其解析解，或者方程本身就没有解析解。于是，利用数值方法来讨论随机微分方程数值解的稳定性成为人们研究的热点。

判定随机微分方程（SDE）稳定性的一个常用方法是利用随机 Lyapunov 函数，这是判定确定性系统稳定性的 Lyapunov 函数的随机版本。如果可以找到一个适当的 Lyapunov 函数，那么可以证明系统在某种稳定性意义下是稳定的。然而，找到这样的函数并不总是容易的，而且稳定性分析通常需要对特定的 SDE 进行定制处理。

SDE 的数值解通常需要通过模拟来实现，因为解析解往往难以或无法得到。数值解法的核心在于模拟 SDE 的样本路径，这个过程涉及随机过程和数值分析。在实践中，选择哪种方法取决于问题的性质、所需的精度及计算资源。例如，如果只关心最终时间点的分布，则需要使用弱收敛方法；如果需要整个路径的精确模拟，则需要使用强制性方法。对于更复杂的 SDE，可能需要更先进的方法。数值解法的一个重要方面是随机模拟的质量，它取决于随机数生成算法的质量。高质量的伪随机数生成器或低差异序列（如 Halton 序列或索伯尔序列）可以显著提高模拟质量。此外，数值解法也要考虑计算效率和收敛性能，以及在实际应用中可能的数值不稳定性问题。

随机微分方程的数值解是解析解的一个近似逼近，说明用数值方法 得到的数值解收敛于解析解，就像在区间 $[0，T]$ 上做 N 个离散时间的划分

$$0 = t_1 < t_2 < \cdots < t_N = T$$

令 $h = T/N$，称为步长，在数值方法的作用下，得到了离散时间点 t_k 处的数值解 X_k。于是，通过数值方法产生的数值解是研究随机微分方程稳定性的重要途径。 目前，已经提出了许多数值方法的格式。下面，简单地归纳一些常见的数值格式，为了统一方便，设定在 Itô 型随机微分方程式（1-1）下讨论，相应数值方法的格式可以延拓到随机延迟微分方程、中立型随机微分方程等。

1955 年，Maruyama 最早建立了一种数值逼近，被称为 Euler-Maruyama 方法，具体数值格式为

$$X_{n+1} = X_n + f(t_n, X_n)h + g(t_n, X_n)\Delta W_n$$

式中，X_n 为数值解；h 为步长；$t_n = nh$；ΔW_n 为 Wiener 过程增量。从数值格式表达式可以看出，Euler-Maruyama 方法的计算可以通过给定一个确切的初值步步迭代来实现，运算简单，容易操作。Wang 用 Euler-Maruyama 方法得到的数值解以 1/2 阶收敛于解析解，从结论中可知，Euler-Maruyama 方法的收敛阶数不高，此方法不适合用于高阶数、高精度的收敛，同时对稳定性的要求也不高。

Euler-Maruyama 方法是一种用于数值求解 SDE 的简单而有效的方法。它是欧拉方法在随机微分方程领域的一个自然扩展，特别适用于求解带有维纳过程（或布朗运动）项的 SDE。该方法通过离散化时间步长并利用维纳过程的增量来近似随机微分方程的解，为理解和模拟随机系统提供了一个重要工具。

Euler-Maruyama 方法是一种用于求解随机微分方程的数值方法，它基于显式格式，具有数值结构清晰和计算效率高的优势。该方法通过迭代更新来逼近随机微分方程的解，其中每一步的更新依赖于前一步的状态以及一个随机增量，这个随机增量通常是从标准正态分布中抽取的。Euler-Maruyama

方法适用于一类高非线性非自治的随机微分方程，其中漂移项和扩散项系数中的时间变量满足Holder连续条件，状态变量满足超线性增长的条件。

在应用 Euler-Maruyama 方法时，首先需要确定时间步长和模拟的总时间。然后通过迭代过程，根据当前状态和随机增量来更新下一状态。这种方法在规避数值解发散的风险的同时，保留了显式方法数值结构清晰、计算效率高的优势。对于高非线性非自治的随机微分方程，Euler-Maruyama方法的强收敛阶为

$$\min\left(\alpha, \gamma, 1/2 - \varepsilon\right)$$

式中，α、γ为时间变量 Holder 连续的指数；ε为任意小的数。这意味着，当时间变量的光滑性较好时，该方法的收敛阶与自治情况下截断 Euler-Maruyama 的收敛阶相同；而当时间变量的光滑性较差时，其收敛阶可能会降低。

此外，通过将 Euler-Maruyama 方法的强收敛阶结论应用于高非线性时间变换的随机微分方程的数值逼近研究中，可以证明高非线性时间变换的随机微分方程的截断 Euler-Maruyama 方法的收敛阶仍为

$$\min\left(\alpha, \gamma, 1/2 - \varepsilon\right)$$

这一结论通过三个数值算例得到了验证，进一步证实了 Euler-Maruyama 方法在求解这类随机微分方程时的有效性和准确性。

Euler-Maruyama 方法的优点有很多。例如，此方法简单，容易实现，计算成本相对较低，特别适合大规模模拟和初步研究。但仍然具有局限性，该方法的精度依赖于时间步长的大小，较大的时间步长可能导致显著的误差，对于具有强非线性扩散项的随机微分方程，或者在要求高精度解的应用中，可能需要更高阶的数值方法。

Euler-Maruyama 方法因其简单和灵活而广泛应用于金融数学、生物学、物理学和工程学等领域的随机过程模拟中。它可以用来模拟股票价格、污染物扩散、种群动态等受随机扰动影响的系统。

于是，在这种情况下，Mistein在1974年通过截取 Taylor 展开式中项数的方式提出了 Milstein 方法：

$$X_{n+1} = X_n + f(t_n, X_n)h + g(t_n, X_n)\Delta W_n + \sum_{j_1, j_2=1}^{m} K^{j_1} g^{j_2}(t_n, X_n) I_{(j_1, j_2)}$$

数值格式中既含有导数项，又含有双重随机积分项。从理论来看，这种数值格式适用于任何阶数的收敛。虽然克服了阶数低的问题，但是从实际操作来看，计算导数项和双重积分项难度太大，失去了利用数值格式逼近解析解来判断稳定性的实用价值。

Milstein 方法是一种用于数值求解 SDE 的高效数值方法。与 Euler-Maruyama 方法相比，Milstein 方法引入了对扩散项（与随机过程相关的项）导数的考虑，从而提高了数值解的精度，特别是对具有显著非线性扩散项的 SDE。这种方法能更准确地捕捉随机系统的动态，尤其是在扩散项对解的行为有显著影响时。

Milstein 方法的优点是可以提高精度，通过扩散项的导数，Milstein 方法提供了比 Euler-Maruyama 方法更高的精度，尤其是对扩散项显著非线性的情况。此方法适应范围广，可以有效应用于广泛的随机过程，包括金融、生物学的随机动态系统。

Milstein 方法也有一定的局限性，与 Euler-Maruyama 方法相比，Milstein 方法需要计算扩散项的导数，这可能会增加计算成本，尤其是对于多维的随机微分方程而言。在多维随机微分方程中，Milstein 方法的实现更为复杂，需要考虑混合导数项，这大幅增加了实现的复杂度和计算量。

Milstein 方法被广泛应用于需要高精度模拟随机过程的场景，如金融衍生品定价、化学动力学模拟、生态系统模型和其他工程与科学领域中的随机现象分析。在实际应用中，选择合适的数值方法需要权衡模型的精度需求和可用的计算资源等条件。

为了避免计算导数，1984 年，Platen 用差分代替了 Milstein 方法中的导数部分，得到了 Runge-Kutta 方法：

$$X_{n+1} = X_n + f(t_n, X_n)h + g(t_n, X_n)\Delta W_n + \frac{1}{2\sqrt{h}}((g(\tilde{X}) - g(t_n, X_n))(\Delta W_n^2 - h)$$

其中，

$$g(\tilde{X}) = X_n + \sqrt{h} g(t_n, X_n)$$

Runge-Kutta 方法在微分方程中的应用已经有大量的文献，其中，Butcher 发现的根树理论对 Runge-Kutta 方法发展起到了尤为重要的作用。

Runge-Kutta 方法是一种常用的数值方法，用于求解常微分方程（ODE）。它是一种单步法，通过将微分方程转化为一系列的差分方程来逼近解析解。最常见的 Runge-Kutta 方法是四阶 Runge-Kutta 方法（RK4），其基本思想是通过多个步骤来逼近下一个点的解。每个步骤分为 4 个阶段，计算出局部斜率并使用加权平均来更新解。

Runge-Kutta 方法的特点是精度高，并采取措施对误差进行抑制，因此其实现原理也较复杂。这类方法包括显式和隐式迭代法，其中显式欧拉法、中点法等是 Runge-Kutta 方法的特例。Dormand-Prince 方法是一种经典的 Runge-Kutta 方法，用于求解常微分方程，而 dopri5 方法是 Dormand-Prince 方法的一个变种，具有较高的精度和稳定性。

综上所述，Runge-Kutta 方法是一种高精度的单步数值算法，广泛应用于工程领域，用于求解非线性常微分方程的近似解。

1991 年，Kloeden、Platen 和 Schurz 提出了半隐 Euler 方法，也称随机 θ 方法或 θ-Maruyama 方法，表达式为

$$X_{n+1} = X_n + (1 - \theta) f(t_n, X_n) h + \theta f(t_n, X_{n+1}) h + g(t_n, X_n) \Delta W_n$$

$0 < \theta < 1$，当 $\theta = 0$ 时，半隐 Euler 方法就是上面提到的 Euler-Maruyama 方法；当 $\theta = 1$ 时，称为向后 Euler 方法。此方法的特点是在漂移项上应用隐式格式，这样构造的优点是既能继承 Euler-Maruyama 方法的运算简单性，又能更好地维持系统的稳定性。类似地，将半隐 Euler 方法扩展到 Milstein 方法中，形成一种半隐 Milstein 数值方法。同样地，当 $\theta = 0$ 时，半隐 Milstein 方法退化为 Milstein 方法。

随机 θ 方法，有时也称 θ-Maruyama 方法，是一种灵活的数值解法，用于求解 SDE。这种方法可以看作 Euler-Maruyama 方法和 Milstein 方法的一般化，通过引入一个参数 θ，能够在显式和隐式解法之间进行插值，从而为研究者提供在数值稳定性与计算成本之间进行权衡的选项。

此方法具有灵活性、稳定性和适用性等特征，灵活性是指通过调整 θ 的

值，可以从完全显式到完全隐式，以及这两者之间的半隐式方法进行变化。稳定性是指对于某些问题，特别是当 θ 接近 1 时，随机 θ 方法可以提供更好的数值稳定性，但通常以增加的计算成本为代价。适用性是指这种数值方法适用于广泛的随机微分方程，包括那些在金融、物理学、生物学和工程学中遇到的。

参数 θ 的选择依赖于特定随机微分方程的性质和求解问题的需求。当 $\theta= 0.5$ 时，通常是一个不错的折中选择，提供了一定程度的数值稳定性，同时保持了计算的可行性。对于具有较大随机波动或需要长时间积分的随机微分方程，选择接近 1 的 θ 值可能提供更好的稳定性，但可能需要使用牛顿迭代或其他数值方法来求解隐式方程。

随机 θ 方法由于其灵活性和适用性，在模拟随机系统方面非常有用，尤其是当问题需要一定程度的数值稳定性时。然而，当 θ 值导致方法变为隐式时，每一时间步的计算成本会增加。此外，在多维 SDE 中，随机 θ 方法的实现会更加复杂，尤其是当涉及复杂的扩散项或交叉项时。

分步向后 Euler 方法，也称分裂步骤向后 Euler 方法，是一种用于求解特定类型偏微分方程（PDE）或 SDE 的数值方法。这种方法通过将复杂问题分解为更简单的子步骤来解决，每个子步骤都可以用标准的向后 Euler 方法（一种隐式方法）求解。这种方法在处理具有多个相互作用项的系统时特别有用，因为它容许独立处理每一项，从而简化了计算过程。

Higham、Mao 和 Stuart 在 Euler-Maruyama 方法的基础上，提出了分步向后 Euler 方法

$$X_n^* = X_n + f(t_n, X_n^*)h$$
$$X_{n+1} = X_n^* + g(t_n, X_n^*)\Delta W_n$$

式中，$\{X_n^*, n \geq 0\}$ 为一随机变量序列，可以由分步向后 Euler 方法迭代得到。此数值格式构建思想是将漂移项和扩散项上的隐式格式拆开，进行分步计算，降低了运算难度，同时又能经得起稳定性的检验。Hutzenthaler 等的研究证明了向后 Euler 方法和分步向后 Euler 方法都可以有效地产生遍历性。

分步向后 Euler 方法具有稳定性、灵活性和简化计算等特性，稳定性是

指作为一种隐式方法，分步向后 Euler 方法在数值稳定性方面通常优于显式方法，尤其是对刚性问题。灵活性是指通过将复杂动力学分解为可管理的子步骤，提供了处理多物理过程或多尺度现象的灵活性。简化计算是指分布处理允许独立优化每个子步骤的计算，特别是当不同项具有不同的物理或数学属性时。

分步向后 Euler 方法在化学反应动力学、生物数学模型、环境模型，以及任何涉及多种相互作用过程的领域都有广泛的应用。特别适合用于那些直接处理可能非常复杂或计算成本很高的系统。

此方法同样具有局限性，虽然每个子步骤相对简单，但作为隐式方法，可能需要迭代法找到每个时间步长的解，这可能会增加单步的计算成本。将系统分解为子系统可能会引入额外的误差，尤其是当各个过程在时间尺度上相互强烈耦合时。根据系统的复杂性，设计有效的分解策略和相应的数值求解可能需要深入的专业知识与经验。

尽管存在这些局限性，分步向后 Euler 方法因其处理复杂系统的能力和良好的稳定性特性而被广泛应用。在实际应用中，适当选择时间步长和分步策略对于确保数值解的准确性与效率至关重要。

之后，Hutzenthaler、Jentzen 和 Kloeden 发现当漂移项满足全局单边 Lipschitz 条件与线性增长条件时，Euler-Maruyama 方法的数值解并不收敛于解析解。于是，他们改进了 Euler-Maruyama 方法，创建了驯服 Euler 方法，即

$$X_{n\pm1} = X_n + \frac{f(t_n, X_n)h}{1+h\|f(t_n, X_n)\|} + g(t_n, X_n)\triangle W_n$$

改进的 Euler-Maruyama 方法不再要求漂移项满足全局 Lipschitz 条件，放宽了限制条件，相应的数值实验证明了驯服 Euler 方法比 Euler-Maruyama 方法收敛得快一些。

驯服 Euler 方法是一种用于数值求解 SDE 的方法，特别是设计用来处理在某些情况下标准数值方法（如 Euler-Maruyama 方法）可能失效的问题。这种方法通过修改标准 Euler 方法的增量部分，确保数值解的稳定性和可靠性，

即使在面对具有非线性增长扩散项的随机微分方程时也能保持良好表现。

在求解随机微分方程时，尤其是当扩散项的系数在大值时增长得非常快，或者当系统的解可能因大的步长而变得非物理或不合理时，标准的 Euler-Maruyama 方法可能导致数值解的爆炸。驯服 Euler 方法通过引入一个控制项来限制每一步增量的大小，从而避免这一问题。

此方法具有稳定性、简单性和适用性等特性。稳定性是指通过限制每一步增量，驯服 Euler 方法提高了数值解的稳定性，尤其是在高度非线性系统中。简单性是指该方法保留了 Euler 方法的简单性和直观性，易于实现与应用。适用性是指驯服 Euler 方法适应于广泛的随机微分方程中，尤其是那些具有挑战性的非线性增长行为的方程。

驯服 Euler 方法被广泛地应用于金融数学、生物学模型、物理过程的模拟等领域，特别是在对那些数值解的稳定性要求很高的情况下。但是，其方法也具有一定的局限性，驯服 Euler 方法可能需要更小的时间步长或更复杂的计算步骤，这可能增加计算成本。参数 h 的选择对数值解的质量和稳定性有重要的影响，需要根据具体问题仔细选择。

尽管存在局限性，但驯服 Euler 方法由于其提高数值解稳定性的能力而在求解难处理的 SDE 时非常有用。在实际应用中，合理选择时间步长和控制参数对确保数值解的准确性与效率至关重要。

Milstein、Platen 和 Schurz 介绍了平衡隐式方法：

$$X_{n+1} = X_n + f(t_n, X_n)h + g(t_n, X_n)\Delta W_n + C_n(X_n - X_{n+1})$$

其中，

$$C_n = hc_0(t_n, X_n) + \sum_{j=1}^{m} c_j(t_n, X_n)|\Delta W_n^j|$$

此数值格式的每一步迭代比较烦琐，加大了运算的难度，但可以达到很好的稳定性。

平衡隐式方法是一类用于数值求解 PDE 和 SDE 的数值方法，特别是对于那些含有刚性源项或在长时间积分中需要保持某些守恒或平衡性质的系统。这些方法通过精心设计数值方案来保持系统的某些关键特性，如质量、能量或熵的守恒，从而提高了模拟的可靠性和数值的稳定性。

此方法具有守恒性、稳定性和减少误差积累等特征。守恒性是指平衡隐式方法致力于在数值解中保持物理或数学守恒律，如能量守恒或质量守恒，这对许多物理系统的正确模拟至关重要。稳定性是指通过隐式时间积分提高数值稳定性，使其适用于刚性问题或需要长时间积分的问题。减少误差积累是指通过保持系统的基本守恒或平衡属性，有助于减少时间积分中的误差积累。

此方法有着非常广泛的应用，可以在求解流体动力学模型时，保持质量和能量守恒。在化学反应动力学模型中，保持反应物和产物的质量守恒对正确模拟反应过程非常重要。在模拟行星大气、恒星结构或地球内部动力学时，保持能量和能量守恒是模拟的基本要求。在使用随机微分方程模拟金融衍生品定价时，保持某些数学性质，对模型的准确性至关重要。

虽然平衡隐式方法有很多应用，但仍然存在一定的局限性，此方法通常需要在每个时间步解决一个非线性系统，可能要比显式方法更耗时。在设计能够保持特定守恒或平衡性质的数值方案时可能在数学和程序上更为复杂。尽管存在这些挑战，但平衡隐式方法因提高了模拟物理可靠性和数值的稳定性而在科学与工程领域得到了广泛的应用。

Shi、Xiao 和 Zhang 对一类半线性随机微分方程

$$\begin{cases} \mathrm{d}x(t) = (Ax(t) + f(t, x(t)))\mathrm{d}t + g(t, x(t))\mathrm{d}W(t) \\ x(0) = x_0 \end{cases} \qquad (1-9)$$

提出了一种新的数值格式——指数 Euler 方法

$$X_{n+1} = \mathrm{e}^{Ah}X_n + \mathrm{e}^{Ah}f(t_n, X_n)h + \mathrm{e}^{Ah}g(t_n, X_n)\Delta W_n$$

式中，A 为常数矩阵，它是指数 Runge-Kutta 方法一阶的表示形式。如果当式 (1-9) 中 $f(t, x(t)) = g(t, x(t)) = 0$ 时，方程的解是可以确定的，这就是将线性部分转化成指数形式的优势。该文献研究了对于线性的随机微分方程，指数 Euler 方法的稳定区域包含 Euler-Maruyama 方法、随机 θ 方法和方程本身的稳定区域；而对于半线性随机微分方程，在保证解析解均方稳定的意义下，指数 Euler 方法在任意非零步长下是均方稳定的，说明指数 Euler 方法

有较好的稳定性。

如果按照显隐式数值方法来划分，大体可以分为显式、半隐式和全隐式这三类。在上面所提到的数值方法中，Euler-Maruyama 方法、Milstein 方法、Runge-Kutta 方法、驯服 Euler 方法、指数 Euler 方法是显式数值方法，这类数值方法的运算简单，可以通过每一步迭代来实现；半隐 Euler 方法、半隐 Milstein 方法、向后 Euler 方法和分步向后 Euler 方法属于半隐式数值方法，这类数值方法的特点是在随机微分方程的漂移项上应用隐式格式；平衡隐式方法是第一个提出的全隐式数值方法，是在随机微分方程中的漂移项和扩散项上都作用隐式格式。显式数值方法的优点是比隐式数值方法的计算量小，不足之处是没有隐式数值方法获得的稳定性强。除介绍的数值方法外，还有分步单腿 θ 方法、Heun 方法、分步 θ 方法等数值方法。本书研究的指数 Euler 方法的优势在于有显式数值方法的特点，并能达到隐式数值方法的稳定性效果。

1.4 随机系统的稳定性

如果想深刻地了解系统的性能，稳定性是一个探索的核心方面。一般来说，稳定性主要是指初始值或者干扰参数进行小的变化后，没有改变系统原有的状态或改变不大。确定性系统的稳定性分析已经有很多成果，由于随机因素的存在，随机系统的稳定性要比确定性系统的稳定性复杂。但总体来说，随机稳定性理论其本质就是研究随机系统平凡解的稳定性。

在 Lyapunov 稳定性理论的基础上，最大 Lyapunov 指数的分析和计算已经成为随机系统稳定性研究的热门课题。Lyapunov 指数的实质是指一个矩阵的特征值，最大的特征值定义为最大 Lyapunov 指数，结合 Khasminskii 球面方法和乘法遍历定理计算出最大 Lyapunov 指数值，通过正负符号来判断系统是否处于稳定性状态。由于随机系统的复杂性，求其平凡解的过程有很大的难度，因此，最大 Lyapunov 指数的精确表达式很难获得，一般来说，利用计算机仿真技术可以实现计算最大 Lyapunov 指数值。

一般来说，经常使用的稳定性大体包括随机稳定、几乎处处指数稳定和 p 阶矩指数稳定，下面给出这三种稳定性的定义。

定义 1.1　对 $0 < \varepsilon < 1$，$m > 0$，存在 $\delta = \delta(\varepsilon, m) > 0$，当 $|x_0| < \delta$ 时，有

$$P\left\{\left|x(t, t_0, x_0)\right| < m, t \geq t_0\right\} \geq 1 - \varepsilon$$

则称式（1-1）的平凡解是随机稳定的；反之，则为随机不稳定。

式（1-1）的平凡解是随机稳定的，如果存在 $\delta_0 = \delta_0(\varepsilon, t_0) > 0$，$0 < \varepsilon < 1$，当 $|x_0| < \delta_0$ 时，有

$$P\left\{\lim_{t \to \infty}\left|x(t, t_0, x_0)\right| = 0\right\} \geq 1 - \varepsilon$$

则称平凡解是随机渐近稳定的。

定义 1.2　如果式（1-1）的平凡解是几乎处处指数稳定的，那么对所有的 $x_0 \in R^d$，使

$$\limsup_{t \to \infty} \frac{1}{t} \lg \left|x(t, t_0, x_0)\right| < 0$$

成立。

定义 1.3　如果存在正的常数 λ 和 M，对所有的 $x_0 \in R^d$，使

$$\mathrm{E}\left|x(t, t_0, x_0)\right|^p \leq M\left|x_0\right|^p \mathrm{e}^{-\lambda(t - t_0)} \quad t \geq t_0$$

成立，则称式（1-1）的平凡解是 p 阶矩指数稳定的。特别地，当 $p = 2$ 时，称为均方指数稳定。

Mao 同样给出了式（1-1）解析解的存在性和唯一性。有关解析解的稳定性最早追溯于 1967 年，对于线性随机微分方程

$$\begin{cases} \mathrm{d}x(t) = \lambda x(t)\mathrm{d}t + \mu x(t)\mathrm{d}W(t) \\ x(0) = x_0 \end{cases} \quad （1-10）$$

Mohammed 和 Mao 分别给出了式（1-10）解析解随机渐近稳定和几乎处处指数稳定的条件。随后，Has'minskii 在其著作中指出了式（1-1）解析解几乎处处指数稳定的条件。

对于随机延迟微分方程，Mohammed 在其著作中讨论了式（1-5）解析解 p 阶矩渐近稳定性。文献 [65] 给出了半鞅型随机延迟微分方程解析解几乎

处处指数稳定的条件。更多关于随机微分方程和随机延迟微分方程解析解稳定性的研究，可参见文献 [66–69]。

近年来，随机微分方程和随机延迟微分方程数值解稳定性的研究已经涌现大量的文献。

Saito 和 Mitsui 对线性的随机方程提出了一种新稳定——T 稳定，并证明了 Euler-Maruyama 方法的 T 稳定性。

Higham 讨论了一类线性随机微分方程式（1–10）随机 θ 方法的均方稳定性和渐进稳定性，并获得了当 $\theta \in [1/2, 1]$ 时，随机 θ 方法是均方 A 稳定的。同年，他给出了当 $\theta \geqslant 3/2$ 时，半隐式 Milstein 方法是均方 A 稳定的，并说明确定性的 A 稳定在大多数普通数值方法稳定性分析中是有用的。

Yin 和 Gan 对式（1–10）改进了 Milstein 方法，并证明了改进的 Milstein 方法均方稳定区域要比传统的 Milstein 方法大，说明了改进的 Milstein 方法的稳定性较好一些。

对于多维噪声驱动下的线性随机微分方程

$$\mathrm{d}x(t) = Ax(t)\mathrm{d}t + \sum_{j=1} B_j x(t)\mathrm{d}W^j(t) \qquad (1\text{--}11)$$

式中，A 和 B_j 为实矩阵；$W^j(t)$ 是相互独立标准的 Wiener 过程。Chen 等对式（1–11）分析了经典随机 θ 方法和分步 θ 方法的均方指数稳定性，结果表明，在解析解的均方指数稳定的充要条件下，当 $\theta \geqslant 1/2$ 时，两种数值方法在所有正步长下是均方指数稳定的；当 $\theta < 1/2$ 时，两种 θ 方法在小步长下能保持均方指数稳定性；对于非线性非自治系统，在漂移系数和扩散系数满足一定条件下，当 $\theta \geqslant 1/2$ 时，分步 θ 方法仍然保持均方指数稳定性，而经典随机 θ 方法在同样的条件下不能保持稳定性。

Huang 也研究了式（1–11）的半隐式随机 Runge-Kutta 方法均方稳定性，并比较了数值方法和方程本身两者的稳定性区域。

Mao 证明了如果对于足够小的 $p \in (0, 1)$，随机 θ 方法是 p 阶矩指数稳定的，并推出了随机微分方程的随机 θ 方法也是几乎处处指数稳定的。

Wu、Mao 和 Szpruch 介绍了随机延迟微分方程的两种数值方法，在方程的漂移项和扩散项满足局部 Lipschitz 条件的同时，如果再对漂移项增加线性增长条件，则 Euler-Maruyama 方法是几乎处处指数稳定的，而向后 Euler 方法不在此条件下就可以达到几乎处处指数稳定性。从该文献可以看出，向后 Euler 方法在稳定性方面是优于 Euler-Maruyama 方法的。

Gan 等的研究对 Zhanr 的研究进行扩展，证明了在漂移项不满足线性增长的条件下，当 $\theta \in [1/2，1]$ 时，具有更普遍性的随机 θ 方法是稳定的；当 $\theta \in [0，1/2]$ 时，则没有这个性质。

Huang 讨论了当扩散系数是高度非线性时，也就是说，扩散项可以不用满足全局 Lipschitz 条件或者线性增长条件，随机 θ 方法和分步 θ 方法都可以获得均方稳定性的结论。

有关随机比例微分方程、Poisson 白噪声激励下随机系统和 Gauss 白噪声激励下随机系统的稳定性文献将在后续章节叙述。

本书主要对随机系统的稳定性进行分析，由于随机系统中的随机因素多样化，随机系统比确定性的系统较为复杂。但随机系统能够更准确地刻画出系统的动力学行为，因此，其具有非常重要的研究价值和应用前景。

这些稳定性的概念在应用中是非常重要的。例如，在金融数学中，我们希望股价模型是稳定的，以避免长期的不可预测波动。在工程学中，稳定性分析可以用于确定系统在受到随机干扰时的可靠性。

第 2 章　概率与随机过程

本章的目的是回顾概率论与随机过程的基础知识，这些基础理论知识对理解随机微分方程及其应用非常重要。因此，在希望读者熟悉这些理论的基础上，我们简明扼要地解释这些知识点，而略去一些定理的证明。

常微分方程的解是一个定义在某个区间上的函数，该区间内任一点的变化率可以由微分方程具体化。在数学上引入了概率空间，在定义区间上的某个特定时刻，解对应一个随机变量。因此，我们以概率空间、随机变量和分步开始简要的介绍。

2.1 概率论基础和随机变量

2.1.1 概率论基础

概率论的一个基本概念是随机试验，随机试验的结果无法确定，因此，称为随机试验，所有试验的可能结果组成的集合，称为样本空间，记为 Ω，Ω 中的元素称为样本点，用 ω 表示，由 Ω 的某些样本点构成的子集合，常用大写的 A、B、C 等表示，不是在所有 Ω 的子集上都能定义概率。因此，先引入 σ 域的概念。

定义 2.1　设 $\mathcal{F}$ 是某些子集构成的非空集类，若满足：

（ⅰ）$\Omega \in \mathcal{F}$；

（ⅱ）若 $A \in \mathcal{F}$，则 $A^c \in \mathcal{F}$，其中 A 是 A^c 的补集；

（ⅲ）对于 $n \in N$，若 $A_n \in \mathcal{F}$，有

$$\bigcup_{n=1}^{\infty} A_n \in \mathcal{F}$$

则称 $\mathcal{F}$ 为 Ω 域或 Ω-代数，$(\Omega, \mathcal{F})$ 为可测空间。

定义2.2 设 $(\Omega, \mathcal{F})$ 为可测空间，P 是定义在 $\mathcal{F}$ 上的实值函数，若满足

（ⅰ）$P(A) \geqslant 0 \quad \forall A \in \mathcal{F}$；

（ⅱ）$P(\Omega) = 1$；

（ⅲ）若 $A_i \in \mathcal{F}$，且 $A_i A_j = \varnothing$，有

$$P(\sum_{i=1}^{\infty} A_i) = \sum_{i=1}^{\infty} P(A_i)$$

则称 P 为可测空间 $(\Omega, \mathcal{F})$ 上概率测度，简称概率。$(\Omega, \mathcal{F}, P)$ 为概率空间，A 为随机事件，$P(A)$ 为事件 A 的概率。如果 Ω 中 P 外测度为零的所有子集包含于 $\mathcal{F}$ 中，则 $(\Omega, \mathcal{F}, P)$ 为完备的概率空间。

2.1.2 随机变量

在定义随机过程之前，首先简单介绍一下随机变量的相关基础知识，一般来说，随机变量就是概率空间上的可测函数。

定义 2.3 设 $(\Omega, \mathcal{F}, P)$ 为一概率空间，$X(\Omega)$ 是定义在 Ω 上的单值实函数，如果对 $\forall a \in R$，有 $\{\omega : X(\omega) \leqslant a\} \in \mathcal{F}$，则称 $X(\Omega)$ 为随机变量，简单记为 X。

设 X 为 $(\Omega, \mathcal{F}, P)$ 上的随机变量，对 $\forall x \in R$，定义

$$F(x) = P(X \leqslant x) = P(X \in (-\infty, x])$$

称 $F(x)$ 为 X 的分布函数。若随机变量的可能取值是一可数集或有限集，则称离散型随机变量，若随机变量的取值包含一段时间，则称连续型随机变量。

对于随机变量 X 的分布函数 $F(x)$，若存在一非负函数 $f(x)$，对 $\forall x \in R$，有

$$F(x) = \int_{-\infty}^{x} f(u) \mathrm{d}u$$

则称 $f(x)$ 为随机变量 X 的概率密度函数，若 $f(x)$ 连续，则

$$\frac{\mathrm{d}F(x)}{\mathrm{d}x} = f(x)$$

二维随机变量 (X, Y) 的联合分布函数定义为

$$F(x, y) = P(X \leqslant x, Y \leqslant y)$$

若存在一非负函数 $f(x, y)$，对 $\forall (x, y) \in R^2$，有

$$F(x, y) = \int_{-\infty}^{x} \int_{-\infty}^{y} f(u, v) \mathrm{d}u \mathrm{d}v$$

则称$f(x, y)$为(X, Y)的联合概率密度函数。

2.1.3 随机变量的数字特征

概率分布完整地刻画了随机变量的概率性质，分布函数和密度函数是描述随机变量统计规律的最根本的手段与方法。但在实际问题中，随机变量的分布函数是不容易获得的，并且了解随机变量的分布函数和概率密度是远远不够的。因此，随机变量数字特征的引入，可以加深对随机变量的理解和应用，本节给出了随机变量的数学期望、方差和协方差等常用的数字特征。

设X为随机变量，$F(x)$为X的分布函数，若$\int_{-\infty}^{\infty}|x|\mathrm{d}F(x)$存在，则称

$$E(X) = \int_{-\infty}^{\infty} x\mathrm{d}F(x)$$

为随机变量X的数学期望，或者均值。

数学期望的地位非常重要，有如下性质：

（1）若$c_1, c_2, \cdots, c_n$为一组常数，$X_1, X_2, \cdots, X_n$为随机变量，则

$$E(\sum_{i=1}^{n} c_i X_i) = \sum_{i=1}^{n} c_1 E(X_i)$$

（2）设$g(x)$为x的函数，$F_X(x)$为X的分布函数，若$E(g(X))$存在，则

$$E(g(X)) = \int_{-\infty}^{\infty} g(x)\mathrm{d}F_X(x)$$

当X为离散型随机变量，即$p_n = P(X = x_n)$时，数学期望可表示为

$$E(X) = \sum_{n=1}^{\infty} x_n p_n$$

当X为连续型随机变量，$F(x)$为随机变量X的概率密度函数时，数学期望可表示为

$$E(X) = \int_{-\infty}^{\infty} x f(x)\mathrm{d}x$$

称$D(X) = E(X - E(X))^2$或者$D(X) = EX^2 - (E(X))^2$为随机变量的方差，如果Y是另外一个随机变量，则称

$$\mathrm{cov}(X, Y) = E\left[(X - E(X))(Y - E(Y))\right]$$

为X和Y的协方差。如果$\mathrm{cov}(X, Y) = 0$，则X与Y是不相关的。

方差主要的性质有：

（1）$D(\sum_{i=1}^{n} a_i X_i) = a_i^2 \sum_{i=1}^{n} D(X_i)$

（2）若 $X_1, X_2, \cdots, X_n$ 两两不相关，则

$$D(\sum_{i=1}^{n} X_i) = \sum_{i=1}^{n} D(X_i)$$

数学期望反映了随机变量的平均水平，方差体现了随机变量取值的集中和分散程度，相关系数刻画了随机变量间线性关系的密切程度。

2.2 随机过程

在概率中，随机变量是随机试验结果的数值描述，是确定的值。然而在实际中，有些随机现象涉及随时间变化的随机变量，我们把这种依赖于时间变化的随机变量称为随机过程。例如，汇率就是随时间随机变化的，在某一时刻，汇率值可能是 $x_1(t)$，也可能是其他取值，因此，在 t 时刻的取值是随机的。由于这些取值是时间的函数，我们常常把它们称作随机过程的样本函数。本节主要介绍随机过程的定义、数字特征和分类。

2.2.1 随机过程的定义

随机过程的分析可能涉及概率论、随机微分方程、数值模拟和统计学等多种数学与计算工具。对随机过程的理解和分析对预测与控制许多自然和人造系统中的随机现象至关重要。

随机过程是一种数学模型，用于描述随时间变化的随机变量的序列。在随机过程中，每个时间点的随机变量可能有不同的概率分布，这些随机变量的集合反映了一些系统或现象在随机性影响下随时间的演变。随机过程在金融、物理、工程、生物学等多个领域内广泛应用，用于建模价格变动、物理系统中的粒子运动、生物种群的增长和衰退等随机动态。随机过程可以通过性质和时间集分成多种类型，如果时间集是离散的（如整数集），那么该随机过程称为离散时间随机过程。马尔可夫链是离散时间随机过程的一个重要

例子。如果时间集是连续的（如实数集），该随机过程称为连续时间随机过程。布朗运动和泊松过程是连续时间随机过程的两个典型例子。如果随机变量可以取有限或无限多个值，则该随机过程具有离散状态空间。如果随机变量可以在连续范围内取值，则该随机过程具有连续状态空间。

随机过程有着非常广泛的应用，金融数学上，在股票价格模型、利率模型和风险管理中，随机过程用于描述资产价格的变动和风险因素的动态。物理学上，在粒子运动、量子力学和热力学等领域，随机过程用于建模自然界中的随机现象。生物学和生态学上，随机过程用于模拟种群的随机增长、基因在群体中的随机扩散等现象。工程学上，在信号处理、可靠性工程和控制系统中，随机过程被用来描述噪声、故障和系统的随机响应。下面对相应定义与基础理论进行具体说明。

定义 2.4　设 $(\Omega, \mathscr{F}, P)$ 为概率空间，$T \in R$ 是一指标集，对于任意的 $t \in T$，都有随机变量 $X(\omega, t)$ 与之对应，称依赖于时间 t 的一组随机变量 $\{X(\omega, t): \omega \in \Omega, t \in T\}$ 为随机过程。简单记成 $\{X(\omega, t)\}$.

从随机过程 $\{X(\omega, t): \omega \in \Omega, t \in T\}$ 的定义来看，它是样本点 ω 和时间参数 t 的二元函数。如果给定 $t_0 \in T$，则 $\{X(\omega, t): \omega \in \Omega, t_0 \in T\}$ 退化成为随机变量，如果给定样本点 $\omega_0 \in \Omega$，则 $\{X(\omega_0, t): \omega \in \Omega, t \in T\}$ 是定义在 T 上的实值函数，称为样本函数或者样本轨道。

我们通常用 $X(t) = x$ 表示随机过程 $X(t)$ 在 x 处的状态，对于任意的 $t \in T$，当 $\{X(\omega, t)\}$ 是连续型随机变量，且时间和状态都是连续的情况时，随机过程是连续型随机过程；当 $\{X(\omega, t)\}$ 是离散型随机变量，时间是连续时，随机过程是离散型随机过程。当 $\{X(\omega, t)\}$ 是离散时间上的连续型随机变量时，为连续随机序列；当时间和状态都是离散时，$\{X(\omega, t)\}$ 是离散随机序列。

接下来，我们简单介绍随机过程分布函数和概率密度函数，为后面随机过程的分类做好准备。

随机过程一维的分布函数：对每一时刻 $t_1 \in T$，$X(t_1)$ 是一维随机变量，其分布函数为

$$F(t_1, x_1) = P(X(t_1) \leqslant x_1)$$

随机过程二维的联合分布函数：对任意的两个时刻 t_1, $t_2 \in T$，$(X(t_1)$, $X(t_2))$ 构成二维随机向量，其联合分布函数为

$$F(t_1, t_2; x_1, x_2) = P(X(t_1) \leq x_1, X(t_2) \leq x_2)$$

随机过程 n 维的联合分布函数：对 n 个时刻 t_1, $t_2, \cdots$, $t_n \in T$，$(X(t_1)$, $X(t_2)$，$\cdots$，$X(t_n))$ 构成 n 维随机向量，其 n 维联合分布函数为

$$F(t_1, t_2, \cdots, t_n; x_1, x_2, \cdots, x_n) = P(X(t_1) \leq x_1, X(t_2) \leq x_2, \cdots, X(t_n) \leq x_n)$$

一维分布函数仅描述随机过程在一个时刻的统计特性，不能反映各个时刻状态之间的联系；二维分布函数描述的是随机过程在两个时刻的统计特性，同样没能反映出全部状态的联系，因此，我们扩展到 n 个时刻，得到了随机过程 n 维的联合分布函数，由以上可知，$f(t_1, t_2, \cdots, t_n; x_1, x_2, \cdots, x_n)$ 为 n 维的联合概率密度。

2.2.2 随机过程的数字特征

同理于随机变量，虽然介绍了随机过程的分布函数和密度函数，我们同样难以获得和计算，这时引入随机过程的数字特征显得尤为重要。将随机变量的数字特征推广于随机过程中，一方面，可以加深对随机过程统计特性的描述；另一方面，便于读者的理解和计算。值得注意的是，由于随机过程依赖于时间，因此，随机过程数字特征不再是一个确定的数字，而是关于时间的函数。我们称为期望函数、方差函数、协方差函数和相关函数，具体形式如下。

期望函数：随机过程 $\{X(t), t \in T\}$ 的期望函数定义为

$$m(t) = E(X(t))$$

方差函数：随机过程 $\{X(t), t \in T\}$ 的方差函数定义为

$$D(t) = E\left\{(X(t) - m(t))^2\right\}$$

协方差函数：随机过程 $\{X(t), t \in T\}$ 的协方差函数定义为

$$R(s, t) = \text{cov}(X(s), X(t))$$

相关函数：随机过程 $\{X(t), t \in T\}$ 的相关函数定义为

$$\rho(s,t) = \frac{\text{cov}(X(s), X(t))}{\sqrt{D(s)D(t)}}$$

期望函数和方差函数描述的是随机过程在每个时刻的平均特性和偏移程度特性，协方差函数和相关函数描述的是随机过程在任意两个时刻状态之间的内在联系。

2.2.3 随机过程的分类

1. 正态随机过程

如果随机过程 $\{X(t),\ t \in T\}$ 的 n 维的联合概率密度 $f(t_1, t_2, \cdots, t_n; x_1, x_2, \cdots, x_n)$ 呈正态分布，则称正态随机过程或高斯随机过程，简称正态过程或高斯过程。正态随机过程有一个非常重要的性质，即正态过程在不同时刻得到一组随机变量 $X(t_1), X(t_2), \cdots, X(t_n)$，如果这组随机变量两两不相关，则这些随机变量也是相互独立的，根据正态概率密度的特征，我们可以得知，对于正态过程，独立和不相关是相互等价的。

2. 独立增量过程

在某些随机过程中，任意不重叠时间段内的增量是独立的，布朗运动和泊松过程就是具有独立增量性质的例子。

对任意正整数 n 且 $t_1 < t_2 < \cdots < t_n$，随机变量的增量

$$X(t_2) - X(t_1), X(t_3) - X(t_2), \cdots, X(t_n) - X(t_{n-1})$$

相互独立时，称随机过程 $X(t)$ 是独立增量过程。如果增量的分布与时间起点无关，只依赖于时间间隔时，此随机过程具有平稳性。同时具备独立增量和平稳增量的随机过程称为独立平稳增量过程，我们所熟知的 Poisson 过程和 Wiener 过程是常用的独立平稳增量过程。

Poisson 过程有着非常重要的应用，是研究一定时间间隔内随机事件出现次数的统计规律。例如，商城内在一段时间内的顾客数；通过一座桥的汽车流量；寻呼台的寻呼次数等。具体定义和性质我们做简单的介绍。首先给出计数过程的定义。

定义 2.5　如果用 $N(t)$ 表示 $(0, t]$ 内随机事件发生的总数，则随机过程

$N(t)$称为一个计数过程，因此，计数过程满足

（ⅰ）$N(t) \geqslant 0$；

（ⅱ）$N(t)$是非负整数值；

（ⅲ）对于任意两个时刻$0 \leqslant t_1 < t_2$，有$N(t_1) \leqslant N(t_2)$；

（ⅳ）对于任意两个时刻$0 \leqslant t_1 < t_2$，$N(t_1, t_2) = N(t_2) - N(t_1)$表示在$(t_1, t_2]$中发生事件的个数。

定义2.6 随机过程$N(t)$是一个计数过程，若满足

（ⅰ）$N(0) = 0$；

（ⅱ）$N(t)$是独立增量过程；

（ⅲ）对于任意两个时刻$0 \leqslant t_1 < t_2$，增量$N(t_1, t_2) = N(t_2) - N(t_1)$具有$\lambda(t_2 - t_1)$的Poisson分布。

则称$N(t)$是具有参数λ的Poisson过程。Poisson过程的数字特征如下：

（1）Poisson过程的均值、方差

$$EN(t) = DN(t) = \lambda t$$

（2）Poisson过程的自相关函数

$$R(t_1, t_2) = E(N(t_1), N(t_1)) = \lambda^2 t_1 t_2 + \lambda \min\{t_1, t_2\}$$

（3）Poisson过程的自协方差函数

$$C(t_1, t_2) = \lambda \min\{t_1, t_2\}$$

Wiener过程也称布朗运动，应用十分广泛，几乎涵盖自然科学和人文科学的所有领域，如金融领域的证券市场等，布朗运动最早是1827年英国生物学家Brown通过观察花粉颗粒在液面上做无规则运动这一物理现象而提出的。1905年，Einstein将这一物理现象从数学的角度解释为花粉颗粒和液体分子的随机碰撞。随后，Wiener在他的博士论文中给出了精确的数学描述，并进一步研究了布朗运动轨道的性质，从而布朗运动也称Wiener过程。布朗运动本身是一个随机过程，它的应用已经推广到物理、生物、经济和统计等多个科学领域中，是概率学科与其他分析学科的重要纽带。下面给出的布朗运动也是Wiener过程的概念。

定义2.7 若随机过程$\{W(t), t \geqslant 0\}$满足下列条件，则称$W(t)$为布朗

运动或 Wiener 过程。

（ⅰ）$W(0) = 0$；

（ⅱ）对任意 $0 \leqslant t_0 \leqslant t_1 \leqslant \cdots \leqslant t_n$，随机变量 $W(t_s) - W(t_{s-1})$ $(1 \leqslant s \leqslant n)$ 相互独立，也就是说 $W(t)$ 是一个独立增量过程；

（ⅲ）若 $0 \leqslant s < t$，增量 $W(t) - W(s)$ 服从均值为 0，方差为 $t - s$ 的正态分布，记为 $N(0, \sigma^2(t - s))$。

这时，当 $\sigma^2 = 1$ 时，$W(t)$ 为标准的 Wiener 过程。Wiener 过程有很多重要的性质，归纳总结如下：

（1）$\{-W(t), t \geqslant 0\}$ 是 Wiener 过程；

（2）对于任意给定的 $s > 0$，$W(t + s) - W(t)$ 的分布不取决于 t 的值；

（3）$\{W(t), t \geqslant 0\}$ 是一个连续平方可积鞅，对所有的 $t \geqslant 0$，它的二次变差 $\langle W, W \rangle t = t$；

（4）满足强大数定律，即

$$\lim \frac{W(t)}{t} = 0$$

（5）对几乎每一个 $\omega \in \Omega$，样本轨道处处不可微；

（6）重对数定律

$$\limsup_{t \to \infty} \frac{W(t)}{\sqrt{2t \ln \ln t}} = 1$$

$$\liminf_{t \to \infty} \frac{W(t)}{\sqrt{2t \ln \ln t}} = -1$$

3.平稳随机过程

平稳随机过程是一类应用广泛的随机过程，在电子、通信、统计、信息论、经济学等领域有着非常广泛的应用。当产生随机现象的一切主要条件不随着时间的平移而改变时，也就是过程的统计特性不随时间推移而变化，如果随机过程的统计性质（如均值、方差）不随时间改变，则称该过程为平稳随机过程。严格平稳意味着所有时间的联合分布都不随时间推移而改变。平稳随机过程分为严平稳随机过程和宽平稳随机过程，下面介绍其基本概念和基本性质。

（1）严平稳随机过程

设 $\{X(t)\}$ 是一个随机过程，若对任意正整数 n，有 $t_1, t_2, \cdots, t_n \in T$，$h > 0$，$(X(t_1), X(t_2), \cdots, X(t_n))$ 与 $(X(t_1 + h), X(t_2 + h), \cdots, X(t_n + h))$ 有相同的联合分布或相同的概率密度，也就是说，随机过程 $X(t)$ 的有限分布在时间推移下保持不变，则称此过程为严平稳随机过程。严平稳随机过程的统计特性与所选时间起点无关。特别地，严平稳随机过程的一维概率密度与时间是没有关系的；二维概率密度仅与 t_1、t_2 的时间间隔 $t_2 - t_1$ 有关系，与时间的起点没有关系。

（2）宽平稳随机过程

设 $\{X(t)\}$ 是一个随机过程，若满足对任意的 $\tau, t \in T$ 有

（i）$m(t) = E(X(t))$；

（ii）$R(t, t+\tau) = \text{cov}(X(t), X(t+\tau)) = r(\tau)$；

（iii）$E(X(t)^2) < +\infty$。

则称此过程为宽平稳随机过程。从定义可知道，宽平稳随机过程的数学期望为一常数，相关函数是关于时间间隔 τ 的函数，且二阶矩有界。严平稳随机过程和宽平稳随机过程之间的关系是，如果严平稳随机过程只要二阶原点矩有界，则一定是宽平稳随机过程，但反之不一定成立。

4. 更新过程

设 $\{X(k), k \geq 1\}$ 为独立同分布的正随机变量序列，对任意的 $t > 0$，令 $S_0 = 0$，$S_n = \sum_{k=1}^{n} X_k$，定义

$$N(t) = \max\{n : n \geq 0, S_n \leq t\}$$

则称 $N(t)$ 为更新过程。

5. 马尔可夫过程

马尔可夫过程是具有如下一性质的随机过程，其未来状态的条件概率分布仅依赖于当前状态，而与更早的历史状态无关。

设 $\{X(t)\}$ 是一个随机过程，且可以表示在现在的状态，那么将来的状态 $X(u)(u>t)$ 取值的概率与过去的状态 $X(s)(s<t)$ 取值没有关系，也就是说，在已知现在的状态下，将来与过去无关，此性质为马尔可夫性，具有马尔可夫性质的随机过程为马尔可夫过程，具体可定义为

随机过程 $\{X(t)\}$，若对任意的 $t_1 < t_2 < \cdots < t_n < t$，$x_1, x_2, \cdots, x_n$，及 $A \in R$，总有

$$P\big(X(t) \in A \mid X(t_1) = x_1, X(t_2) = x_2, \cdots, X(t_n) = x_n\big) = P\big(X(t) \in A \mid X(t_n) = x_n\big)$$

则称此过程为马尔可夫过程。记 $X(t)$ 的取值构成的集合为 S，对于马尔可夫过程 $\{X(t)\}$，当 S 为可列无限集或有限集时，就是我们通常所说的马尔可夫链。

2.3　本章小结

本章主要介绍了概率论基础的相关理论知识，首先介绍了随机变量和随机变量的数字特征。然后给出了随机过程的定义、数字特征和分类。为后面的研究做好理论基础。

第3章　随机微分方程

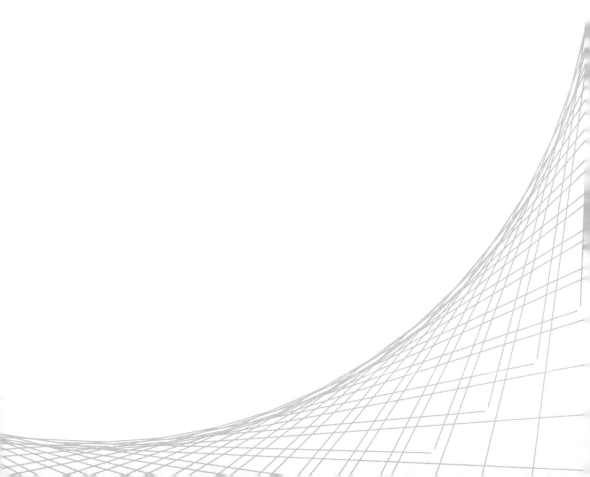

随机微分方程在众多领域中有着非常重要且广泛的作用。近年来，随机微分方程获得了许多令人瞩目的成果。很明显，一些物理系统，是由确定性微分方程分类建模的，而一些物理现象中的随机效应更应该被考虑。因此，在这一章，常微分方差

$$\frac{\mathrm{d}x}{\mathrm{d}t} = f(t, x)$$

会为随机微分方程所取代

$$\frac{\mathrm{d}X}{\mathrm{d}t} = F(t, X, Y)$$

这里 $Y = Y(t)$ 代表一些随机输入过程。本章主要围绕随机积分、伊藤公式、随机微分方程及其解等相关内容展开。

3.1　随机积分

众所周知，在数学分析中，积分分为两种，一种是 Riemann 积分，另一种是 Riemann-Stieltjes 积分。在第 3 章中，我们可以知道 Wiener 过程的轨道很特殊，也就是说，任一条轨道的任一点都没有有限的导数，任意两点之间也不是有限的变差函数，这个性质在定义随机积分的过程中起到了主要作用，如果被积函数光滑，Riemann-Stieltjes 积分可以在分析 Wiener 过程轨道时被定义，即

$$\int_0^t g(t, \omega) \mathrm{d}W(t, \omega)$$

是有意义的，其中 $\{W(t, \omega), t \geq 0\}$ 是 Wiener 过程样本轨道。但是，Wiener 过程的轨道不能对自身求积分，也就是说

$$\int_0^t W(t, \omega) \mathrm{d}W(t, \omega)$$

是没有意义的。因此，探索一种未被定义的积分是十分必要的，也就是 Itô

随机积分，它的缺点是不能对积分作出直观的解释。1949 年，数学家 Itô 定义的随机积分是指为 Wiener 过程所驱动随机系统解的一种描述形式，被人们称为 Itô 积分，具体定义如下。

定义 3.1 若随机过程 $g(t, \omega)$ 是 $W(t)$ 可知的，且

$$\int_0^t E \, | \, g(t, \omega) \, |^2 \, \mathrm{d}s < \infty$$

则对于区间 $[0, t]$ 做任意一组划分 $0 = t_0 < t_1 < \cdots < t_n = t$，令 $\Delta t_i = t_i - t_{i-1}$，$1 \leqslant i \leqslant n$，$v = \max\limits_{1 \leqslant i \leqslant n} \Delta t_i$ 和 $\sum\limits_{i=1}^{n} g(t_{i-1})(W(t_i) - W(t_{i-1}))$ 必然依概率收敛到某个随机变量，即

$$\lim_{v \to \infty} \sum_{i=1}^{n} g(t_{i-1})(W(t_i) - W(t_{i-1})) = I_n g(t)$$

称

$$I_n g(t) = \int_0^t g(s, \omega) \mathrm{d}W(s, \omega)$$

为区间 $[0, t]$ 上 $g(t, \omega)$ 关于 $W(t)$ 的伊藤积分。

特别地，对于给定的一个随机过程 $g(t, \omega)$，用

$$\sum_j g(t_j^*) \chi_{[t_j, t_{j+1}]}(t)$$

来近似 $g(t, \omega)$，这里，$t_j^* \in [t_j, t_{j+1}]$，$X[t_j, t_{j+1}]$ 为示性函数，即

$$\chi_{[t_j, t_{j+1}]}(t) = \begin{cases} 1, & t \in [t_j, t_{j+1}] \\ 0, & t \notin [t_j, t_{j+1}] \end{cases}$$

如果 t_j^* 的选择不同，随机积分则有不同的分类。当 $t_j^* = t_j$，也就是取左端点时，此时的积分称为伊藤积分；当 $t_j^* = (t_j + t_{j+1})/2$，也就是取中点时，此时的积分称为 Stratonovich 积分，形式为

$$\int_0^t g(s, \omega) \circ \mathrm{d}W(s, \omega)$$

Itô 积分和 Stratonovich 积分可以通过下列关系进行转化：

$$\int_0^t g(s, \omega) \circ \mathrm{d}W(s, \omega) = \int_0^t g(s, \omega) \mathrm{d}W(s, \omega) + \frac{1}{2} \int_0^t \frac{\partial}{\partial \omega} g(s, \omega) \mathrm{d}s$$

定理 3.1 （伊藤积分的性质）对于任意常数 λ 和 $a < b < c$，有

$$E \int_0^t g(t) \mathrm{d}W(t) = 0$$

$$E \left| \int_0^t g(t) \mathrm{d}W(t) \right|^2 = E \int_0^t \left| g(t) \right|^2 \mathrm{d}t$$

$$\int_0^t (f(t) + g(t)) \mathrm{d}W(t) = \int_0^t f(t) \mathrm{d}W(t) + \int_0^t g(t) \mathrm{d}W(t)$$

$$\int_0^t \lambda g(t) \mathrm{d}W(t) = \lambda \int_0^t g(t) \mathrm{d}W(t)$$

$$\int_a^c g(t) \mathrm{d}W(t) = \int_a^b g(t) \mathrm{d}W(t) + \int_b^c g(t) \mathrm{d}W(t)$$

3.2 伊藤公式

虽然定义了随机积分，但是其基本定义不能准确地计算出所给积分的数值。于是，人们对伊藤积分建立链规则的随机形式，也就是伊藤公式。

首先介绍一维的伊藤公式，设 $\{W(t), t \geq 0\}$ 是定义在完备概率空间上一维的 Wiener 过程。

定义 3.2　$f \in \mathcal{L}^1(R_+; R), g \in \mathcal{L}^2(R_+; R)$，一维 Itô 过程在 $t \geq 0$ 是一个连续可适过程，它的形式为

$$x(t) - x(0) = \int_0^t f(s) \mathrm{d}s + \int_0^t g(s) \mathrm{d}W(s)$$

这里，$\mathcal{L}^1(R_+; R)$ 表示所有 R 值可测过程 $f = \{f(t)\}_{t \geq 0}$ 的集合，即对任给的 $T > 0$，有

$$\int_0^T |f(t)| \mathrm{d}t < \infty$$

$\mathcal{L}^2(R_+; R)$ 表示所有 R-值可测过程 $f = \{f(t)\}_{t \geq 0}$ 的集合，即对任给的 $T > 0$，有

$$\int_0^T |f(t)|^2 \mathrm{d}t < \infty$$

用 $C^{2,1}(R \times R_+; R)$ 表示定义在 $R \times R_+$ 上的实值函数 $V(x, t)$ 关于 t 一次可微、关于 x 二次连续可微的集合。若 $V(x,t) \in C^{2,1}(R \times R_+; R)$，则有

$$V(x,t)_t = \frac{\partial V}{\partial t}, \qquad V(x,t)_{xx} = \frac{\partial^2 V}{\partial x^2}$$

用$C^{2,1}(R^d \times R_+;R)$表示定义在$R^d \times R_+$上的实值函数$V(x, t)$关于$t$一次可微、关于$x$二次连续可微的集合。若$V(x,t) \in C^{2,1}(R^d \times R_+;R)$，则有

$$V(x,t)_t = \frac{\partial V}{\partial t}, \qquad V(x,t)_x = \left(\frac{\partial V}{\partial x_1}, \frac{\partial V}{\partial x_2}, \cdots, \frac{\partial V}{\partial x_d} \right)$$

$$V(x,t)_{xx} = \left(\frac{\partial^2 V}{\partial x_i \partial x_j} \right)_{d \times d} = \begin{pmatrix} \dfrac{\partial^2 V}{\partial x_1 \partial x_1} & \dfrac{\partial^2 V}{\partial x_1 \partial x_2} & \cdots & \dfrac{\partial^2 V}{\partial x_1 \partial x_d} \\ \dfrac{\partial^2 V}{\partial x_2 \partial x_1} & \dfrac{\partial^2 V}{\partial x_2 \partial x_2} & \cdots & \dfrac{\partial^2 V}{\partial x_2 \partial x_d} \\ \vdots & \vdots & & \vdots \\ \dfrac{\partial^2 V}{\partial x_d \partial x_1} & \dfrac{\partial^2 V}{\partial x_d \partial x_2} & \cdots & \dfrac{\partial^2 V}{\partial x_d \partial x_d} \end{pmatrix}$$

定理 3.2 （一维伊藤公式）令$x(t)$是$t \geq 0$上的伊藤过程，它的随机微分形式为

$$dx(t) = f(t)dt + g(t)dW(t)$$

式中，$f \in \mathcal{L}^1(R_+;R), g \in \mathcal{L}^2(R_+;R)$。令$V(x(t),t) \in C^{2,1}(R \times R_+;R)$，$V(x(t),t)$是 Itô 过程，并且展开式为

$$dV(x(t), t) = [V_t(x(t), t) + V_x(x(t), t)f(t) \\ + \frac{1}{2} V_{xx}(x(t), t)g^2(t)]dt + V_x(x(t), t)g(t)dW(t)$$

定义 3.3 $f = (f_1, f_2, \cdots, f_d)^T \in \mathcal{L}^1(R_+;R^d), g = (g_{ij})_{d \times m} \in \mathcal{L}^2(R_+;R^{d \times m})$。$d$维 Itô 过程$x(t) = (x_1(t), x_2(t), \cdots, x_d(t))^T$在$t \geq 0$时是一个连续可适过程，它的形式为

$$x(t) - x(0) = \int_0^t f(s)ds + \int_0^t g(s)dW(s)$$

定理 3.3 （多维伊藤公式）令$x(t)$是$t \geq 0$上的 Itô 过程，它的随机微分形式为

$$dx(t) = f(t)dt + g(t)dW(t)$$

式中，$f \in \mathcal{L}^1(R_+;R^d), g \in \mathcal{L}^2(R_+;R^{d \times m})$。令$V(x(t),t) \in C^{2,1}(R^d \times R_+;R)$，$V(x(t),t)$是 Itô 过程，并且微分展开式为

$$dV(x(t), t) = [V_t(x(t), t) + V_x(x(t), t)f(t) \\ + \frac{1}{2} \text{trace}(g^T(t)V_{xx}(x(t), t)g(t))]dt + V_x(x(t), t)g(t)dW(t)$$

同时，随机微分方程中多乘法准则在分析和计算微分方程的过程中起了很大的作用，其法则如下：

$$\mathrm{d}t\mathrm{d}t = 0$$
$$\mathrm{d}W_i(t)\mathrm{d}t = 0$$
$$\mathrm{d}Wi(t)\mathrm{d}W_i(t) = \mathrm{d}t$$
$$\mathrm{d}W_i(t)\mathrm{d}W_j(t) = 0$$

3.3　随机微分方程

随机微分方程（SDE）是微分方程的一种，其中包含一个或多个随机项。这些方程用于描述随时间演变的随机过程，广泛应用于物理学、生物学、经济学和金融数学等领域。随机微分方程在模拟现实世界中受随机因素影响的动态系统时非常有用。例如，在金融数学中，用于描述股票价格或利率的动态的 Black-Scholes 模型和 Vasicek 模型就是随机微分方程的应用案例。在生态学和化学动力学中，随机微分方程也被用来描述种群的动态变化或化学反应过程中的随机波动。

SDE 的解析解并不总是可得的，这一点与常微分方程（ODE）类似。对于一些特定形式的随机微分方程，我们可以找到解析解，但对于大多数情况，我们只能依赖数值解法。随机比例微分方程通常更难找到解析解，因为它们涉及的随机性和依赖性更为复杂。对于更复杂的随机微分方程，特别是那些包含非线性项或更复杂随机项的随机比例微分方程，找到解析解可能非常困难或不可能。在这些情况下，通常会采用数值方法，如 Euler-Maruyama 方法、Milstein 方法。要注意的是，即使一些随机微分方程可以找到解析解，解的形式也可能非常复杂，难以直接应用，因此在实际应用中仍然会依赖于数值方法。此外，随机微分方程的解通常以概率分布的形式给出，而不是确定性的单一解，这一点也与常微分有所不同。

SDE 的解的存在性和唯一性问题可以通过伊藤随机微分方程理论来分

析，其中最著名的是伊藤引理和随机版本的皮卡-林德洛夫定理。这些理论为随机微分方程的解析研究提供了数学基础。

随机比例微分方程是随机微分方程的一种特殊形式，其中随机过程的演变不仅依赖于时间，还依赖于该过程的当前状态。

在这一节中，首先给出一个随机微分方程的具体形式，以简单随机人口增长模型为例，公式为

$$\frac{\mathrm{d}N(t)}{\mathrm{d}t} = a(t)N(t)$$

式中，初始值 $N(0) = N_0$；$N(t)$ 为时刻 t 的人口规模；$a(t)$ 为相对增长速率；$a(t)$ 可能不完全知道，受一些随机环境的影响，也就是

$$a(t) = r(t) + \sigma(t)\text{“noise”}$$

因此，人口增长模型变为

$$\frac{\mathrm{d}N(t)}{\mathrm{d}t} = r(t)N(t) + \sigma(t)N(t)\text{“noise”}$$

积分形式为

$$N(t) = N(0) + \int_0^t r(s)N(s)\mathrm{d}s + \int_0^t \sigma(s)N(s)\text{“noise”}\mathrm{d}s$$

那么上式存在一个问题，即噪声形式对应的数学解释是什么呢？$\int_0^t \sigma(s)N(s)\text{“noise”}\mathrm{d}s$ 又可以怎样表示？噪声的合理数学解释是白噪声 $\dot{B}(t)$，在形式上可以看成布朗运动的导数，即 $\dot{B}(t) = \mathrm{d}B(t)/\mathrm{d}t$。所以 "noise" $\mathrm{d}t$ 可以表示成 $\dot{B}(t)\mathrm{d}t = \mathrm{d}B(t)$，也就是

$$\int_0^t \sigma(s)N(s)\text{“noise”}\mathrm{d}s = \int_0^t \sigma(s)N(s)\mathrm{d}B(s)$$

因此，人口增长模型最终变为

$$N(t) = N(0) + \int_0^t r(s)N(s)\mathrm{d}s + \int_0^t \sigma(s)N(s)\mathrm{d}B(s)$$

在这里将布朗运动统一用 Wiener 过程代替，所以也可以写成

$$N(t) = N(0) + \int_0^t r(s)N(s)\mathrm{d}s + \int_0^t \sigma(s)N(s)\mathrm{d}W(s)$$

或者微分形式

$$\mathrm{d}N(t) = r(t)N(t)\mathrm{d}t + \sigma(t)N(t)\mathrm{d}W(t)$$

因此，通过人口增长模型获得一般形式的随机微分方程

$$\mathrm{d}x(t) = f(x(t),t)\mathrm{d}t + g(x(t),t)\mathrm{d}W(t)$$

初始值 $x(t_0) = x_0$，对于上式的随机微分方程，我们应该思考如下问题：

（1）随机微分方程的解是什么？

（2）这个解如何获得？

（3）有没有存在性和唯一性定理？

（4）解有什么性质？

接下来我们就依次来解决这些问题。

令 $(\Omega, \mathscr{F}, P)$ 是一个完备的概率空间，$W(t) = (W_1(t), W_2(t), \cdots, W_m(t))^{\mathrm{T}}$ 是定义在空间上 m 维的 Wiener 过程，令 $0 \leqslant t_0 < T < \infty$，$x_0$ 是可测随机变量且 $E|x_0|^2 < \infty$。

$f : R^d \times [t_0, T] \to R^d, g : R^d \times [t_0, T] \to R^{d \times m}$ 是 Borel 可测。考虑 d 维随机微分方程为

$$\mathrm{d}x(t) = f(x(t), t)\mathrm{d}t + g(x(t), t)\mathrm{d}B(t)$$

根据随机微分的定义，上式等价于如下随机积分方程：

$$x(t) = x_0 + \int_{t_0}^{t} f(x(s), s)\mathrm{d}s + \int_{t_0}^{t} g(x(s), s)\mathrm{d}W(s)$$

接下来，给出方程解的定义。

定义 3.4　$\{x(t)\}_{t_0 < t < T}$ 是 R^d– 值随机过程，若满足下列性质：

（i）$\{x(t)\}$ 是连续的且可适的；

（ii）$\{f(t, x(t))\} \in \mathcal{L}([t_0, T]; R^d), \{g(t, x(t))\} \in \mathcal{L}^2([t_0, T]; R^{d \times m})$；

（iii）对于每一个 $t \in [t_0, T]$，随机积分方程以概率 1 成立。

则称 $\{x(t)\}$ 为随机微分方程的解。

例 3.1　令 $W(t), t \geqslant 0$ 是一维 Wiener 过程，定义二维随机过程

$$x(t) = (x_1(t), x_2(t))^{\mathrm{T}} = (\cos(W(t)), \sin(W(t)))^{\mathrm{T}}$$

随机过程 $x(t)$ 称为单位圆上的 Wiener 过程，$x(t)$ 满足线性随机微分方程，由公式得

$$\mathrm{d}x_1(t) = -\sin(W(t))\mathrm{d}W(t) - \frac{1}{2}\cos(W(t))\mathrm{d}t = -\frac{1}{2}x_1(t)\mathrm{d}t - x_2(t)\mathrm{d}W(t)$$

$$\mathrm{d}x_2(t) = \cos(W(t))\mathrm{d}W(t) - \frac{1}{2}\sin(W(t))\mathrm{d}t = -\frac{1}{2}x_2(t)\mathrm{d}t + x_1(t)\mathrm{d}W(t)$$

例 3.2   考虑一种简单的线性伊藤随机微分方程

$$X(t) = X_0 + \int_0^t X(s)\mathrm{d}s + \int_0^t X(s)\mathrm{d}W(s) \qquad t \in [0, T]$$

此方程的解为

$$X(t) = X_0 \mathrm{e}^{(\mu - \frac{1}{2}\sigma^2)t + \sigma W(t)}$$

证明：假定 $X(t) = f(t, W(t))$，且 $f(t, x)$ 是光滑的。

根据伊藤公式有

$$X(t) = X_0 + \int_0^t \left(\frac{\partial}{\partial t} f(s, W(s)) + \frac{1}{2} \frac{\partial^2}{\partial x^2} f(s, W(s)) \right) \mathrm{d}s$$

$$+ \int_0^t \frac{\partial}{\partial x} f(s, W(s)) \mathrm{d}W(s)$$

根据 Wiener 过程轨道的连续性，可以得到

$$\mu f(t, x) = \frac{\partial}{\partial t} f(t, x) + \frac{1}{2} \frac{\partial^2}{\partial x^2} f(t, x)$$

$$\sigma f(t, x) = \frac{\partial}{\partial x} f(t, x)$$

对上式两边关于 x 求导，有

$$\sigma^2 f(t, x) = \frac{\partial^2}{\partial x^2} f(t, x)$$

因此有

$$\left(\mu - \frac{1}{2} \sigma^2 \right) f(t, x) = \frac{\partial}{\partial t} f(t, x)$$

$$\sigma f(t, x) = \frac{\partial}{\partial x} f(t, x)$$

若把 $f(t, x)$ 写成两个函数积的形式

$$f(t, x) = g(t)h(x)$$

则上式变为

$$\left(\mu - \frac{1}{2} \sigma^2 \right) g(t) = g'(t)$$

$$\sigma h(x) = h'(x)$$

对这两个方程进行求解得

$$g(t) = g(0)\mathrm{e}^{\left(\mu - \frac{1}{2}\sigma^2\right)t}$$

$$h(x) = h(0)\mathrm{e}^{\sigma x}$$

从而得到

$$f(t,x) = g(0)h(0)\mathrm{e}^{\left(\mu - \frac{1}{2}\sigma^2\right)t}\mathrm{e}^{\sigma x} = g(0)h(0)\mathrm{e}^{\left(\mu - \frac{1}{2}\sigma^2\right)t + \sigma x}$$

又因为

$$X_0 = f(0, W_0) = f(0,0) = g(0)h(0)$$

因此求得解为

$$X(t) = X_0\mathrm{e}^{(\mu - \frac{1}{2}\sigma^2)t + \sigma W(t)}$$

得证。

3.3.1 解的存在唯一性

前面讨论了随机微分方程解的显式表达式，其实，我们在实际的应用过程中很难获得显式解，需要寻找其解析解的渐进解或者数值解，这其中必须保证方程解的存在唯一性。因此，在本节中，我们给出随机微分方程解存在性与唯一性的条件。

定理 3.4 假设存在正的常数 C, K, 有

（1）（Lipschitz 条件）对任意 $x, y \in R^d$, $t \in [t_0, T]$, 有

$$\left|f(x,t) - f(y,t)\right|^2 \vee \left|g(x,t) - g(y,t)\right|^2 \leqslant C\left|x - y\right|^2$$

（2）（线性增长条件）对所有的 $(x,t) \in R^d \times [t_0, T]$, 有

$$\left|f(x,t)\right|^2 \vee \left|g(x,t)\right|^2 \leqslant K\left(1 + \left|x\right|^2\right)$$

则随机微分方程存在唯一解。

定理 3.5 假设定理 3.4 中的线性增长条件成立，Lipschitz 条件由局部 Lipschitz 条件代替，也就是对于每个整数 $n > 1$, 存在常数 C_n, $t \in [t_0, T]$ 及 $x, y \in R^d$ 且 $|x| \vee |y| \leqslant n$, 有

$$\left|f(x,t) - f(y,t)\right|^2 \vee \left|g(x,t) - g(y,t)\right|^2 \leqslant C_n\left|x - y\right|^2$$

则随机微分方程存在唯一解。

定理 3.6 假设局部 Lipschitz 条件成立，定理 3.4 中的线性增长条件换成下列单调条件，即存在正整数 K，对于所有的 $(x,t) \in R^d \times [t_0, T]$，有

$$x^{\mathrm{T}} |f(x,t)|^2 \vee \frac{1}{2} |g(x,t)|^2 \leq K \left(1 + |x|^2\right)$$

则随机微分方程存在唯一解。

在这一节中，我们主要介绍下列形式的随机微分方程

$$\mathrm{d}x(t) = f(x(t),t)\mathrm{d}t + g(x(t),t)\mathrm{d}W(t) \qquad t \in [t_0, \infty)$$

如果存在唯一性定理的假设在 $[t_0, \infty)$ 的子区间 $[t_0, T]$ 上成立，则该方程在整个区间上 $[t_0, \infty)$ 存在唯一解，这个解就是全局解。为了方便读者，我们陈述下面的定理。

定理 3.7 假设对于每一个 $t_0 < T$ 和 $n > 1$，存在常数 $C_{T,n}$，$t \in [t_0, T]$ 及 $x, y \in R^d$ 且 $|x| \vee |y| \leq n$，有

$$|f(x,t) - f(y,t)|^2 \vee |g(x,t) - g(y,t)|^2 \leq C_{T,n} |x - y|^2$$

假设对于每一个 $t_0 < T$，存在正整数 K_T，对于所有的 $(x,t) \in R^d \times [t_0, T]$，有

$$x^{\mathrm{T}} |f(x,t)|^2 \vee \frac{1}{2} |g(x,t)|^2 \leq K_T \left(1 + |x|^2\right)$$

则随机微分方程存在唯一全局解。

如果这些条件得到满足，我们可以断言，对于给定的初始条件，SDE 有一个唯一解，这个解在整个时间区间内几乎处处连续。然而，要注意的是，即使在这些条件得到满足的情况下，找到解的显式表达式仍然可能是困难的，特别是对于复杂的随机微分方程，在这种情况下，数值解和模拟显得尤为重要。

针对特定类型的随机微分方程，如线性随机微分方程或具有特定结构的非线性随机微分方程，可能会有更具体的存在性和唯一性定理，这些定理可能会降低上述条件的严格性，或者提供更直接的方法来验证解的存在性和唯一性。

3.3.2 解的基本特征与扩散过程

在介绍随机微分方程解的基本特性之前，我们要给出扩散过程的概念，扩散过程在物理学、生物学、信息科学、金融与经济及社会科学中都有广泛的应用。例如，具有白噪声的随机系统，市场中股票价格的波动，生物种群的变化等。

定义 3.5　设连续参数马尔可夫过程 $X = \{x(t), t \geq 0\}$，状态空间为 $S=R$，且满足对 $\forall x \in R, t \geq 0, \varepsilon > 0$，有

（ⅰ）$\lim\limits_{h \to \infty} \dfrac{1}{h} P\big(|X(t+h) - x| > \varepsilon \mid X(t) = x\big) = 0$；

（ⅱ）$\lim\limits_{h \to \infty} \dfrac{1}{h} E\big((X(t+h) - x) \mid X(t) = x\big) = \mu(t, x) < \infty$；

（ⅲ）$\lim\limits_{h \to \infty} \dfrac{1}{h} E\big((X(t+h) - x)^2 \mid X(t) = x\big) = \sigma^2(t, x) < \infty$。

其中，$\mu(t, x)$、$\sigma(t, x)$ 是二元函数，则称 $X = \{x(t), t \geq 0\}$ 为扩散过程。$\mu(t, x)$、$\sigma(t, x)$ 分别为扩散过程的漂移系数与扩散系数。

例 3.3　设 $\{X(t) = \mu t + \sigma W(t), t \geq 0\}$ 连续参数马尔可夫过程，且 μ, σ 为常数，其微分形式为

$$\mathrm{d}X(t) = \mu \mathrm{d}t + \sigma \mathrm{d}W(t)$$

可知 $\{X(t)\}$ 满足定义 3.5。证明定义 3.5。

证明：由增量独立得

$$\lim_{h \to \infty} \frac{1}{h} P\big(|X(t+h) - x| > \varepsilon\big) = \lim_{h \to \infty} \frac{1}{h} P\big(|\mu h + \sigma(W(t+h) - W(t))| > \varepsilon\big)$$

由于 Wiener 过程均分连续，即

$$W(t+h) \to W(t)$$

因此，

$$|\mu h + \sigma(W(t+h) - W(t))| \to 0$$

可得依概率收敛于 0，所以

$$\lim_{h \to \infty} \frac{1}{h} P\big(|\mu h + \sigma(W(t+h) - W(t))| > \varepsilon\big) = 0$$

故满足定义 3.5 中（1）。

$$\lim_{h \to \infty} \frac{1}{h} E((X(t+h)-x) \mid X(t)=x) = \lim_{h \to \infty} \frac{1}{h} E\big(\mu h + \sigma(W(t+h)-W(t))\big)$$

$$= \lim_{h \to \infty} \frac{1}{h} E\big(\mu h + \sigma E W(h)\big)$$

$$= \mu$$

故满足定义 3.5 中（2）。

$$\lim_{h \to \infty} \frac{1}{h} E((X(t+h)-x)^2 \mid X(t)=x) = \lim_{h \to \infty} \frac{1}{h} E\big(\mu h + \sigma(W(t+h)-W(t))\big)^2$$

$$= \lim_{h \to \infty} \frac{1}{h}(\mu^2 h^2 + 2\mu h \sigma E W(h) + \sigma^2 E(W(t+h)-W(t))^2)$$

$$= \sigma^2$$

故满足定义 3.5 中（3）。

因此，$\{X(t)\}$ 是扩散过程。其中，μ 为其漂移系数，σ 为其扩散系数。事实上，μ 是其在单位时间上的平均漂移，即过程的系统性漂移；而 $\sigma^2 t$ 是过程在 t 时刻的方差。

3.4　本章小结

本章主要介绍了随机积分的定义和分类，给出了一维伊藤公式和多维伊藤公式。之后介绍了随机微分方程及其解的存在性与唯一性，解的特征和解的扩散过程，旨在为后面的章节打下坚实的理论基础。

第4章 半线性随机系统的稳定性分析

本章主要研究了一类半线性随机比例方程指数 Euler 方法的稳定性，在解析解稳定的条件下，数值解对于任意的非负步长都是均方稳定的。最后给出了数值算例，证实了数值方法的有效性。

4.1　引言

随机延迟微分方程在物理、生物、经济和金融等应用领域占有很重要的位置，由于延迟项的有界与无界之分，随机延迟微分方程大体可以分为随机有界延迟微分方程和随机无界延迟微分方程，随机比例微分方程是随机无界延迟微分方程的一种特殊表示形式。1971 年，Ockendon 和 Taylor 在利用导电弓架收集电流时，发现了电流的形成取决于电荷的比例大小，从而提出了方程

$$\begin{cases} \dot{x}(t) = ax(t) + bx(qt), & q \in (0,1) \\ x(0) = x_0 \end{cases} \tag{4-1}$$

此方程被称为比例微分方程。1971 年，Kato 和 Mcleod 给出了比例微分方程解的存在唯一性定理，并分析了在 $a<0$、$|a|>|b|$ 的条件下，方程解的渐近稳定性。随后，比例微分方程的数值解成为研究的热点。1997 年，Bellen、Guglielmi 和 Torell 研究了当 $\theta>1/2$ 时，比例微分方程 θ 方法的渐进稳定性。文献 [91] 分析了线性比例微分方程 Runge-Kutta 方法 H 稳定的充要条件。但在实际应用中，随机噪声的存在是不可忽视的。于是，将式（4-1）中的常数 a、b 等价成其近似值和随机噪声之和的形式，即

$$a = \tilde{a} + \sigma_1 \dot{W}(t)$$
$$b = \tilde{b} + \sigma_2 \dot{W}(t)$$

代入式（4-1）中，整理得

$$\begin{cases} dx(t)=(\tilde{a}x(t)+\tilde{b}x(qt))dt+(\sigma_1 x(t)+\sigma_2 x(qt))dW(t) \\ x(0)=x_0 \end{cases}$$

这里，$dW(t)=\dot{W}(t)dt$ 称为随机比例微分方程。其数学模型常用来解决动力系统、工程系统和电气系统中的复杂问题。然而，到目前为止，有关随机比例微分方程稳定性分析的文献还不是很多。因此，随机比例微分方程有较高的研究价值和应用前景。

对于线性随机比例微分方程

$$\begin{cases} dx(t)=(ax(t)+bx(qt))dt+(\sigma_0+\sigma_1 x(t)+\sigma_2 x(qt))dW(t) \\ x(0)=x_0 \end{cases} \tag{4-2}$$

式中，$0 \leqslant t \leqslant T$; $0<q<1$; a、b、σ_0、σ_1、σ_2 为常数。文献[92]给出了式（4-2）解析解存在性和唯一性的充分条件，并分析了强近似连续 θ 方法的性能。 文献[93] 研究了式（4-2）中 $\sigma_0=0$ 时的情况，在方程系数满足一定的条件下，式（4-2）的解析解是渐近均方稳定的。

文献[94] 研究了一类中立型随机比例微分方程，在无界延迟这种特殊情况下，利用 Razumikhin 定理证明了 p 阶矩稳定，并进一步讨论了在合适的假设下，方程解析解是均方稳定的。随后，文献[95] 仍然使用了离散的 Razumikhin 定理，分析了随机比例微分方程解析解和数值解的 α-阶矩渐近稳定性。针对一类高维非线性混合随机比例微分方程，文献[96] 指出了在多项式增长条件替换传统的线性增长条件下，解析解的指数稳定性和 Euler-Maruyama 方法的收敛性。文献[97]对随机比例微分方程应用两种数值格式，证明了 Euler-Maruyama 方法在均方意义下以 1/2 阶收敛，并且是均方稳定的；而向后 Euler 方法是全局均方稳定的。文献[98]考虑了一类带跳的随机比例微分方程，证明了数值解的强均方收敛定理；并且对于线性实验方程，在合适的条件下，平衡隐式方法在足够小的步长范围内可以保持均方稳定性。

由于在实际应用中，随机比例微分方程要求的稳定性条件存在一定的限制和约束。因此，有关解析解和数值解稳定性分析还需要不断的完善与创新。

4.2　指数 Euler 方法

为了建立随机微分方程的指数 Euler 数值方法，首先需要回顾常微分方程的指数 Runge-Kutta 数值方法。文献[99，100] 中，介绍了一类半线性常微分方程

$$\begin{cases} u'(t) + Au(t) = g(t,u) \\ u(t_0) = u_0 \end{cases} \quad (4-3)$$

式中，u_0 为初始值；A 为常数矩阵；$g(t, u)$ 为 u 的一般函数。通过使用常数变差法则，式（4-3）的数值解可以表示成

$$u(t_n + h) = e^{-Ah}u(t_n) + \int_0^h e^{-A(h-\tau)} g(t_n + \tau, u(t_n + \tau)) d\tau \quad (4-4)$$

式中，h 为给定的步长；$t_n = nh(n = 0,1,\cdots,N)$。定义配置多项式

$$B_n(\tau) = \sum_{i=1}^{s} L_j(\tau) B_{n,i}$$

$L_j(\tau)$ 是 Lagrange 插值多项式，即

$$\prod_{m \neq j} \frac{\tau / h - c_m}{c_j - c_m}$$

式中，$c_1, c_2, \cdots, c_j$ 为节点。令 $B_{n,i} = g(t_n + c_i h, u_{n,i})$，则式（4-4）可写为

$$u(t_n + h) \approx e^{-Ah}u(t_n) + \int_0^h e^{-A(h-\tau)} B_n(\tau) d\tau \quad (4-5)$$

式中，u_n、$u_{n,i}$ 分别为 $u(t_n)$、$u(t_n + c_i h)$ 的近似值，则有

$$u_{n+1} = e^{-Ah}u_n + h\sum_{i=1}^{s} \lambda_i(-Ah) B_{n,i} \quad (4-6)$$

在保持相同的定义下，用 $c_i h$ 替换 h，得到

$$u_{n,i} = e^{-c_i Ah}u_n + h\sum_{j=1}^{s} \mu_{ij}(-Ah) B_{n,j} \quad (4-7)$$

这里

$$\lambda_i(-Ah) = \frac{1}{h}\int_0^h e^{-A(h-\tau)} L_i(\tau) d\tau$$

$$\mu_{ij}(-Ah) = \frac{1}{h}\int_0^{c_i h} e^{-A(c_i h-\tau)} L_j(\tau) d\tau$$

式（4-6）、式（4-7）称为指数 Runge-Kutta 方法。有关指数 Runge-

Kutta 方法稳定性的详细内容请参考文献 [101，102]。

当 $s=1$ 时，式（4-6）变成

$$u_{n+1} = \mathrm{e}^{-Ah} u_n + \int_0^h \mathrm{e}^{-A(h-\tau)} \mathrm{d}\tau g(t_n, u_n)$$

计算得

$$u_{n+1} = \mathrm{e}^{-Ah} u_n + g(t_n, u_n) \varphi_1(-Ah)$$

式中，$\varphi_1(z) = (\mathrm{e}^z - 1)/z$。上面的数值格式就是半线性常微分方程的指数 Euler 法。当在半线性常微分方程的基础上加入随机噪声，可以形成一类半线性随机微分方程

$$\begin{cases} \mathrm{d}u(t) = (Au(t) + f(t, u(t)))\mathrm{d}t + g(t, u(t))\mathrm{d}W(t) \\ u(0) = u_0 \end{cases}$$

本节主要考虑延迟对这类随机系统的影响。以半线性随机比例微分方程为研究对象，通过类似于半线性常微分方程指数 Euler 方法的推导过程，建立了半线性随机比例微分方程指数 Euler 方法的数值格式。

考虑一类半线性随机比例微分方程

$$\begin{cases} \mathrm{d}x(t) = (Ax(t) + f(t, x(t), x(qt)))\mathrm{d}t + g(t, x(t), x(qt))\mathrm{d}W(t) \\ x(0) = x_0 \end{cases} \quad (4-8)$$

式中，x_0 为初始值；$t>0$，$0<q<1$；$A \in R^{n \times n}$ 是常数矩阵；$W(t)$ 为布朗运动或 Wiener 过程；$f: R_+ \times R^n \times R^n \to R^n$ 和 $g: R_+ \times R^n \times R^n \to R^n$ 是两个 Borel 可测函数；f、g 分别称为漂移系数和扩散系数，并且 f 满足

$$f(t, 0, 0) \equiv 0, \quad \frac{\partial}{\partial x} f(t, 0, 0) \equiv 0$$

根据 Lawson 变换，令 $V(x(t), t) = \mathrm{e}^{-At}x(t)$，很容易得出 $V(x(t), t)$ 是关于 x 二次连续可微、关于 t 一次可微。因此，满足 Itô 公式的使用条件，其展开式为

$$\mathrm{d}\left[\mathrm{e}^{-At} x(t)\right] = \left[-A\mathrm{e}^{-At}x(t) + \mathrm{e}^{-At}\left(Ax(t) + f(t, x(t), x(qt))\right)\right]\mathrm{d}t$$
$$+ \mathrm{e}^{-At} g(t, x(t), x(qt))\mathrm{d}W(t)$$

计算得

$$d\left[e^{-At}x(t)\right] = e^{-At}f\left(t,x(t),x(qt)\right)dt + e^{-At}g\left(t,x(t),x(qt)\right)dW(t) \quad （4-9）$$

两端在 $[0, t]$ 上进行积分

$$e^{-At}x(t) - x(0) = \int_0^t e^{-As}f\left(t,x(s),x(qs)\right)ds + \int_0^t e^{-As}g\left(t,x(s),x(qs)\right)dW(s)$$

整理得

$$x(t) = e^{At}x(0) + \int_0^t e^{A(t-s)}f\left(s,x(s),x(qs)\right)ds$$
$$+ \int_0^t e^{A(t-s)}g\left(s,x(s),x(qs)\right)dW(s) \quad （4-10）$$

将积分区间换作 $[t_n, t_{n+1}]$，式（4-10）可以表示成

$$x(t_{n+1}) = e^{A(t_{n+1}-t_n)}x(t_n) + \int_{t_n}^{t_{n+1}} e^{A(t_{n+1}-s)}f\left(s,x(s),x(qs)\right)ds$$
$$+ \int_{t_n}^{t_{n+1}} e^{A(t_{n+1}-s)}g\left(s,x(s),x(qs)\right)dW(s) \quad （4-11）$$

用 x_{n+1}、x_n 来近似 $x(t_{n+1})$ 和 $x(t_n)$，式（4-11）变为

$$x_{n+1} = e^{Ah}x_n + \int_{t_n}^{t_{n+1}} e^{A(t_{n+1}-s)}f\left(s,x(s),x(qs)\right)ds$$
$$+ \int_{t_n}^{t_{n+1}} e^{A(t_{n+1}-s)}g\left(s,x(s),x(qs)\right)dW(s) \quad （4-12）$$

最后得

$$x_{n+1} = e^{Ah}x_n + e^{Ah}f\left(t_n,x_n,x_{[qn]}\right)h + e^{Ah}g\left(t_n,x_n,x_{[qn]}\right)\Delta W_n \quad （4-13）$$

其中，x_n 是 $\mathcal{F}_{t_n}$ 可测的，$h>0$ 是所给的步长，并满足 $h = t_{n+1} - t_n, \Delta W_n = W(t_{n+1}) - W(t_n)$ 是独立于正态分布 $N(0, h)$ 的随机变量。式（4-13）就是半线性随机比例微分方程式（4-8）指数 Euler 方法的数值格式。

注 4.1　当 A 为零矩阵时，式（4-13）退化为

$$x_{n+1} = x_n + f\left(t_n,x_n,x_{[qn]}\right)h + g\left(t_n,x_n,x_{[qn]}\right)\Delta W_n$$

这是随机比例微分方程 Euler-Maruyama 方法的数值格式，详见文献 [97]。

注 4.2　当没有随机项时，式（4-13）退化为

$$x_{n+1} = e^{Ah}x_n + e^{Ah}f\left(t_n,x_n,x_{[qn]}\right)h$$

这是半线性比例微分方程指数 Euler 方法的数值格式。目前，已经有人研

究了半线性比例微分方程指数 Runge-Kutta 方法的稳定性，具体可以参考文献 [103]。

4.3 解析解的稳定性

首先研究半线性随机比例微分方程解析解均方稳定的条件，为了考虑式（4-8）解的存在性和唯一性，给出假设条件。

假设 4.1 假设 f、g 是足够光滑的，并满足 Lipschitz 条件和线性增长条件，即

（1）（Lipschitz 条件）对所有的 $x_1, x_2, y_1, y_2 \in R^n$，存在一个正常数 K，当 $t \in [0, T]$ 时，有

$$
\begin{aligned}
&\left| f(t, x_1, y_1) - f(t, x_2, y_2) \right|^2 \vee \left| g(t, x_1, y_1) - g(t, x_2, y_2) \right|^2 \\
&\leq K \left(\left| x_1 - x_2 \right|^2 + \left| y_1 - y_2 \right|^2 \right)
\end{aligned}
\tag{4-14}
$$

（2）（线性增长条件）对所有 $(t, x, y) \in [0, T] \times R^n \times R^n$，存在一个正的常数 L，有

$$
\left| f(t, x, y) \right|^2 \vee \left| g(t, x, y) \right|^2 \leq L \left(1 + \left| x \right|^2 + \left| y \right|^2 \right)
\tag{4-15}
$$

式（4-8）存在唯一解 $x(t)$，并且 $x(t) \in \mathcal{M}^2([0, T]; R)$，即 $x(t)$ 满足

$$
E \int_0^t \left| x(t) \right|^2 < \infty
$$

定义 4.1 式（4-8）的解析解是均方稳定的，如果

$$
\lim_{t \to \infty} E \left| x(t) \right|^2 = 0
\tag{4-16}
$$

定义 4.2 $\mu[A]$ 是矩阵 A 的对数范数，定义如下：

$$
\mu[A] = \lim_{\Delta \to 0^+} \frac{\| I + \Delta A \| - 1}{\Delta}
$$

特别地，如果 $\| \cdot \|$ 代表模的内积，则 $\mu[A]$ 可以写为

$$
\mu[A] = \max_{\xi \neq 0} \frac{\langle A\xi, \xi \rangle}{\| \xi \|^2}
$$

定理 4.1　假设式（4-16）成立，如果 $\mu[A]$ 和 K 满足

$$2\mu[A]+3\sqrt{K}+K+\frac{K+\sqrt{K}}{q}<0 \tag{4-17}$$

则式（4-8）的解析解是均方稳定的。

证明： 由 Itô 公式得

$$
\begin{aligned}
\mathrm{d}\,|x(t)|^2 &=\left[2\left\langle x(t),Ax(t)+f(t,x(t),x(qt))\right\rangle+|\,g(t,x(t),x(qt))|^2\right]\mathrm{d}t\\
&\quad+2\left\langle x(t),g(t,x(t),x(qt))\right\rangle\mathrm{d}W(t)\\
&=\left[2\left\langle x(t),Ax(t)\right\rangle+2\left\langle x(t),f(t,x(t),x(qt))\right\rangle+|\,g(t,x(t),x(qt))|^2\right]\mathrm{d}t\\
&\quad+2\left\langle x(t),g(t,x(t),x(qt))\right\rangle\mathrm{d}W(t)
\end{aligned}
$$

根据式（4-14）和 Schwartz 不等式

$$
\begin{aligned}
2\left\langle x(t),f\left(t,x(t),x(qt)\right)\right\rangle &\leqslant 2\left|\left\langle x(t),f\left(t,x(t),x(qt)\right)\right\rangle\right|\\
&\leqslant 2\|x(t)\|\cdot\|f\left(t,x(t),x(qt)\right)\|\\
&\leqslant 2\sqrt{|x(t)|^2}\cdot\sqrt{|f\left(t,x(t),x(qt)\right)|^2}\\
&\leqslant 2\sqrt{|x(t)|^2}\cdot\sqrt{K|x(t)|^2+K|x(qt)|^2}\\
&\leqslant 3\sqrt{K}\left|x(t)\right|^2+\sqrt{K}\left|x(qt)\right|^2
\end{aligned}
$$

结合定义有

$$
\begin{aligned}
\mathrm{d}\left|x(t)\right|^2 &\leqslant\left[2\mu[A]\left|x(t)\right|^2+3\sqrt{K}\left|x(t)\right|^2+\sqrt{K}\left|x(qt)\right|^2+K|x(t)|^2+K\left|x(qt)\right|^2\right]\mathrm{d}t\\
&\quad+2\left\langle x(t),g\left(t,x(t),x(qt)\right)\right\rangle\mathrm{d}W(t)\\
&=\left[\left(2\mu[A]+3\sqrt{K}+K\right)\left|x(t)\right|^2+\left(K+\sqrt{K}\right)\left|x(qt)\right|^2\right]\mathrm{d}t\\
&\quad+2\left\langle x(t),g\left(t,x(t),x(qt)\right)\right\rangle\mathrm{d}W(t)
\end{aligned}
$$

将上面的不等式两边从 0 到 t 进行积分，同时取期望

$$
\begin{aligned}
\left|x(t)\right|^2 &\leqslant\left|x_0\right|^2+\int_0^t\left[\left(2\mu[A]+3\sqrt{K}+K\right)\left|x(s)\right|^2+\left(K+\sqrt{K}\right)\left|x(qs)\right|^2\right]\mathrm{d}s\\
&\quad+2\int_0^t x(s)g\left(s,x(s),x(qs)\right)\mathrm{d}W(s)
\end{aligned}
$$

$$
\begin{aligned}
\mathrm{E}\left|x(t)\right|^2 &\leqslant\mathrm{E}\left|x_0\right|^2+\int_0^t\left[\left(2\mu[A]+3\sqrt{K}+K\right)\left|x(s)\right|^2+\left(K+\sqrt{K}\right)\left|x(qs)\right|^2\right]\mathrm{d}s\\
&\quad+2\mathrm{E}\int_0^t x(s)g\left(s,x(s),x(qs)\right)\mathrm{d}W(s)
\end{aligned}
$$

根据 Itô 积分的性质可知

$$\mathrm{E}\int_0^t x(s)g(s,x(s),x(qs))\mathrm{d}W(s)=0$$

所以，

$$\mathrm{E}\left|x(t)\right|^2 \leqslant \mathrm{E}\left|x_0\right|^2 + \left(2\mu[A]+3\sqrt{K}+K\right)\mathrm{E}\int_0^t\left|x(s)\right|^2\mathrm{d}s + \frac{K+\sqrt{K}}{q}\mathrm{E}\int_0^{qt}\left|x(s)\right|^2\mathrm{d}s$$

$$\leqslant \mathrm{E}\left|x_0\right|^2 + \left(2\mu[A]+3\sqrt{K}+K+\frac{K+\sqrt{K}}{q}\right)\mathrm{E}\int_0^t\left|x(s)\right|^2\mathrm{d}s$$

结合式（4-17）得到

$$\lim_{t\to\infty}\mathrm{E}\left|x(t)\right|^2=0$$

因此，式（4-8）的解析解是均方稳定的。

4.4 指数 Euler 方法的稳定性

本节将讨论指数 Euler 数值方法的稳定性，首先给出数值解均方稳定的定义。

定义 4.3　任给的步长 $h>0$，如果对于式（4-8），由指数 Euler 方法产生的数值解满足

$$\lim_{n\to\infty}\mathrm{E}\left|x_n\right|^2=0$$

则应用于式（4-8）的数值方法称为全局均方稳定。

定理 4.2　假设式（4-14）和式（4-17）成立，对于任给的步长 $h>0$，指数 Euler 方法是全局均方稳定的。

证明： 式（4-13）两边平方得

$$\begin{aligned}
\left|x_{(n+1)}\right|^2 &= \left|\mathrm{e}^{Ah}x_n + \mathrm{e}^{Ah}f(t_n,x_n,x_{[qn]})h + \mathrm{e}^{Ah}g(t_n,x_n,x_{[qn]})\Delta W_n\right|^2 \\
&= \mathrm{e}^{2\mu[A]h}\left[\left|x_n\right|^2 + \left|f(t_n,x_n,x_{[qn]})\right|^2 h^2 + \left|g(t_n,x_n,x_{[qn]})\Delta W_n\right|^2\right] \\
&\quad + 2\mathrm{e}^{2\mu[A]h}\left\langle x_n, f(t_n,x_n,x_{[qn]})h\right\rangle + 2\mathrm{e}^{2\mu[A]h}\left\langle x_n, g(t_n,x_n,x_{[qn]})\Delta W_n\right\rangle \\
&\quad + 2\mathrm{e}^{2\mu[A]h}\left\langle f(t_n,x_n,x_{[qn]})h, g(t_n,x_n,x_{[qn]})\Delta W_n\right\rangle
\end{aligned}$$

应用式（4-14），并取期望

$$
\begin{aligned}
\mathrm{E}\,|\,x_{(n+1)}\,|^2 \le {} & \mathrm{e}^{2\mu[A]h}\mathrm{E}\Big[|\,x_n\,|^2 + K(|\,x_n\,|^2 + |\,x_{[qn]}\,|^2)h^2 + \mathrm{E}\,|\,g(t_n,x_n,x_{[qn]})\Delta W_n\,|^2\Big] \\
& + \mathrm{e}^{2\mu[A]h}\mathrm{E}\Big[3\sqrt{K}\,|\,x_n\,|^2 + \sqrt{K}\,|\,x_{[qn]}\,|^2\Big]h \\
& + 2\mathrm{e}^{2\mu[A]h}\mathrm{E}\big\langle x_n,g(t_n,x_n,x_{[qn]})\Delta W_n\big\rangle \\
& + 2\mathrm{e}^{2\mu[A]h}\mathrm{E}\big\langle f(t_n,x_n,x_{[qn]})h,g(t_n,x_n,x_{[qn]})\Delta W_n\big\rangle
\end{aligned}
\tag{4-18}
$$

记

$$
\mathrm{E}(\Delta W_n) = 0,\ \mathrm{E}\big[\,|\,\Delta W_n\,|^2\big] = h
$$

$x_n, x_{[qn]}$ 是 $\mathcal{F}_{t_n}$ 可测的，则有

$$
\mathrm{E}\big\langle x_n,g\big(t_n,x_n,x_{[qn]}\big)\Delta W_n\big\rangle = \mathrm{E}\big(x_n^{\mathrm{T}}g\big(t_n,x_n,x_{[qn]}\big)\big)\mathrm{E}\big(\Delta W_n|\ \mathcal{F}_{t_n}\big) = 0
$$

类似地，有

$$
\mathrm{E}\big\langle f\big(t_n,x_n,x_{[qn]}\big),g\big(t_n,x_n,x_{[qn]}\big)\Delta W_n\big\rangle = \mathrm{E}\big(f\big(t_n,x_n,x_{[qn]}\big)g\big(t_n,x_n,x_{[qn]}\big)\big)\mathrm{E}\big(\Delta W_n|\ \mathcal{F}_{t_n}\big) = 0
$$

$$
\begin{aligned}
\mathrm{E}\big|g\big(t_n,x_n,x_{[qn]}\big)\Delta W_n\big|^2 &= \mathrm{E}\big|g\big(t_n,x_n,x_{[qn]}\big)\big|^2\mathrm{E}\big(\Delta W_n^2|\ \mathcal{F}_{t_n}\big) = \mathrm{E}\big|g\big(t_n,x_n,x_{[qn]}\big)\big|^2 h \\
&\le K\Big(\mathrm{E}\big|x_n\big|^2 + \mathrm{E}\big|x_{[qn]}\big|^2\Big)h
\end{aligned}
$$

代入式（4-18），得

$$
\begin{aligned}
\mathrm{E}\big|x_{n+1}\big|^2 &\le \mathrm{e}^{2\mu[A]h}\Big[\big(1 + Kh^2 + Kh + 3\sqrt{K}h\big)\mathrm{E}\big|x_n\big|^2 + \big(Kh^2 + Kh + \sqrt{K}h\big)\mathrm{E}\big|x_{[qn]}\big|^2\Big] \\
&= B_1\mathrm{E}\big|x_n\big|^2 + B_2\mathrm{E}\big|x_{[qn]}\big|^2
\end{aligned}
\tag{4-19}
$$

这里

$$
B_1 = \mathrm{e}^{2\mu[A]h}\big(1 + Kh^2 + Kh + 3\sqrt{K}h\big),\ B_2 = \mathrm{e}^{2\mu[A]h}\big(Kh^2 + Kh + \sqrt{K}h\big)
$$

式（4-19）可以写为

$$
\mathrm{E}\big|x_{n+1}\big|^2 \le \big(B_1 + B_2\big)\max\Big\{\mathrm{E}\big|x_n\big|^2, \mathrm{E}\big|x_{[qn]}\big|^2\Big\}
$$

如果

$$
2\mu[A]h + \ln\big(1 + 2Kh^2 + 2Kh + 4\sqrt{K}h\big) < 0
\tag{4-20}
$$

成立，则指数 Euler 方法是均方稳定的。接下来，要证明在式（4-17）下式
（4-20）成立。

如果

$$1 + 2Kh^2 + 2Kh + 4\sqrt{K}h < 1 - 2\mu[A]h + \frac{(-2\mu[A]h)^2}{2!} + \frac{(-2\mu[A]h)^3}{3!}$$

成立，由不等式

$$e^x > 1 + x + \frac{x^2}{2!} + \frac{x^3}{3!}$$

可知，

$$1 + 2Kh^2 + 2Kh + 4\sqrt{K}h < e^{-2\mu[A]h}$$

即证明了式（4-20）。

于是，整理不等式

$$\frac{4}{3}\mu[A]^3 h^2 + \left(2K - 2\mu[A]^2\right)h + 2\mu[A] + 2K + 4\sqrt{K} < 0$$

令

$$m(h) = \frac{4}{3}\mu[A]^3 h^2 + \left(2K - 2\mu[A]^2\right)h + 2\mu[A] + 2K + 4\sqrt{K}$$

由 $0 < q < 1$ 和条件得

$$2\mu[A] + 2K + 4\sqrt{K} < 2\mu[A] + 3\sqrt{K} + K + \frac{K + \sqrt{K}}{q} < 0$$

从上面的不等式可以看出

$$\mu[A] < 0$$

$$2K - 2\mu[A]^2 < 0$$

对 $m(h)$ 求导，得

$$m'(h) = \frac{8}{3}\mu[A]^3 h + 2K - 2\mu[A]$$

对任给的 $h > 0$，$m'(h) < 0$，即 $m(h)$ 是单调递减函数，根据减函数的定义可知，如果 $h > 0$，则有 $m(h) < m(0)$，并且 $m(0) = 2\mu[A] + 2K + 4\sqrt{K} < 0$。可以推出方程成立，同时也暗含着式（4-20）成立。

所以

$$B_1 + B_2 = e^{2\mu[A]h}\left(1 + 2Kh^2 + 2Kh + 4\sqrt{K}h\right) < 1$$

由 $B_1 + B_2 < 1$ 可知，$\mathrm{E}\left|x_n\right|^2 \leq \mathrm{E}\left|x_{[qn]}\right|^2$。故有

$$E\left|x_{n+1}\right|^2 \leq \left(B_1+B_2\right)E\left|x_{[qn]}\right|^2 \leq \left(B_1+B_2\right)^2 E\left|x_{\left[q([qn]-1)\right]}\right|^2$$

$$\leq \cdots \leq \left(B_1+B_2\right)^k E\left|x_0\right|^2$$

当 $k\to\infty$ 时，$\left(B_1+B_2\right)^k<1$，即

$$\lim_{n\to\infty}E\left|x_n\right|^2=0$$

因此，指数 Euler 方法是全局均方稳定的。

注 4.3　当 $q=1$ 时，式（4-8）变为

$$\begin{cases} \mathrm{d}x(t)=\left(Ax(t)+f(t,x(t))\right)\mathrm{d}t+g(t,x(t))\mathrm{d}W(t) \\ x(0)=x_0 \end{cases}$$

这是半线性随机微分方程，一维的情况表示成

$$\begin{cases} \mathrm{d}x(t)=\left(ax(t)+f(t,x(t))\right)\mathrm{d}t+g(t,x(t))\mathrm{d}W(t) \\ x(0)=x_0 \end{cases}$$

式中，a 为常数；式（4-17）退化为 $2a+2\sqrt{K}+K<0$，符合文献 [57] 中提出的解析解稳定性条件，该文献也同样证明了指数 Euler 方法对于任意的非负步长是均方稳定的。

注 4.4　考虑下列线性的随机比例微分方程

$$\begin{cases} \mathrm{d}x(t)=ax(t)\mathrm{d}t+\left(bx(t)+cx(qt)\right)\mathrm{d}W(t) \\ x(0)=x_0 \end{cases}$$

令系数 $a=-5$，$b=1$，$c=2$，容易看出系数满足条件 $a<-1/2(|b|+|c|)^2$，解析解均方稳定。在上式中应用指数 Euler 方法

$$x_{n+1}=\mathrm{e}^{-5h}x_n+\mathrm{e}^{-5h}\left(x_n+2x_{[qn]}\right)\Delta W_n$$

两边同时平方取期望，并由基本不等式 $2ab\leq a^2+b^2$ 得

$$E\left|x_{n+1}\right|^2=\mathrm{e}^{-10h}E\left|x_n\right|^2+\mathrm{e}^{-10h}\left(E\left|x_n\right|^2+4Ex_n x_{[qn]}+4E\left|x_{[qn]}\right|^2\right)h$$

$$\leq \mathrm{e}^{-10h}E\left|x_n\right|^2+\mathrm{e}^{-10h}\left(E\left|x_n\right|^2+2E\left|x_n\right|^2+2E\left|x_{[qn]}\right|^2+4E\left|x_{[qn]}\right|^2\right)h$$

$$\leq \mathrm{e}^{-10h}\left((1+3h)E\left|x_n\right|^2+6hE\left|x_{[qn]}\right|^2\right)$$

即

$$e^{10h}E\left|x_{n+1}\right|^2 \leqslant (1+3h)E\left|x_n\right|^2 + 6hE\left|x_{[qn]}\right|^2$$

利用不等式 $e^{10h} > 1 + 10h$，则

$$E\left|x_{n+1}\right|^2 \leqslant \frac{(1+3h)E\left|x_n\right|^2 + 6hE\left|x_{[qn]}\right|^2}{e^{10h}}$$

$$\leqslant \frac{1+9h}{1+10h}\max\left\{E\left|x_n\right|^2, E\left|x_{[qn]}\right|^2\right\}$$

系数 $(1+9h)/(1+10h) < 1$。根据定理 4.2 可知，对于任意的步长 $h>0$，指数 Euler 方法是均方稳定的。

4.5 数值算例

本节将用数值算例来证明指数 Euler 方法的有效性，考虑下列线性的随机比例微分方程

$$\begin{cases} dx(t) = \left(a_1 x(t) + a_2 x(qt)\right)dt + \left(b_1 x(t) + b_2 x(qt)\right)dW(t) \\ x(0) = 1 \end{cases}$$

如果系数满足

$$a_1 + \left|a_2\right| + \frac{1}{2}\left(\left|b_1\right| + \left|b_2\right|\right)^2 < 0$$

则方程的解析解是均方稳定的。

情况 1 对于上述方程，系数取 $a_1 = -1.5, a_2 = 3, b_1 = 1, b_2 = 0.5$，$q = 0.5$，此时

$$a_1 + \left|a_2\right| + \frac{1}{2}\left(\left|b_1\right| + \left|b_2\right|\right)^2 = -1.5 + 3 + \frac{1}{2}(1+0.5)^2 > 0$$

这组系数不满足条件，用计算机仿真绘出指数 Euler 方法在步长 $h_1 =$ 0.05，$h_2 = 0.5$ 时的图形（见图 4-1）。从图 4-1 中可以看出，步长 h 在足够小的限制内，数值解的均方值随时间 t 的变化而不趋于 0，这说明指数 Euler 方法是均方不稳定的。

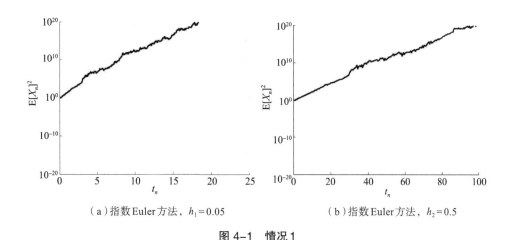

（a）指数 Euler 方法，$h_1 = 0.05$　　　　（b）指数 Euler 方法，$h_2 = 0.5$

图 4-1　情况 1

情况 2　考虑一组系数 $a_1 = -6.5$, $a_2 = 1$, $b_1 = 1$, $b_2 = 0.5$, q 仍然取 0.5. 这时验证条件

$$a_1 + |a_2| + \frac{1}{2}\big(|b_1| + |b_2|\big)^2 = -6.5 + 1 + \frac{1}{2}(1 + 0.5)^2 < 0$$

成立，满足方程解析解均方稳定的条件。使用计算机技术首先随机模拟地生成 2 000 个离散的样本轨道，然后将这 2 000 个轨道在相同时间内取平均值，也就是

$$Y_j = \frac{1}{2\,000} \sum_{i=1}^{2\,000} \left| y_j^i \right|^2$$

式中，y_j^i 表示在时间 t_j 时第 i 条样本轨道的数值解，当步长分别取 $h_3 = 0.05$，$h_4 = 0.5$，$h_5 = 1.5$ 和 $h_6 = 2.5$ 时，画出图形（见图 4-2）。从图 4-2 中可看出，数值解的均方值是随着时间 t 的增大而趋向于 0，说明在步长 h 没有范围限制的情况下，指数 Euler 方法可以达到均方稳定。这正是本节定理 4.2 叙述的，从而反映了理论的正确性和数值方法的有效性。

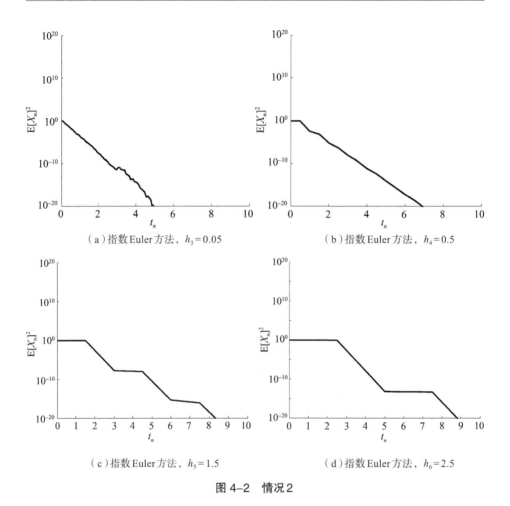

（a）指数 Euler 方法，$h_3 = 0.05$

（b）指数 Euler 方法，$h_4 = 0.5$

（c）指数 Euler 方法，$h_5 = 1.5$

（d）指数 Euler 方法，$h_6 = 2.5$

图 4-2　情况 2

情况 3　当方程中的系数 $a_2 = 0$，$q = 0.5$ 时，则方程恰好是文献 [105] 中研究的实验方程，该文献证明了当步长取 $h = 0.2$ 和 $h = 0.5$ 时，经典的 Euler-Maruyama 方法是均方不稳定的。这里，取文献中实验方程相同的系数，也就是 $a_1 = -5$，$b_1 = 1$，$b_2 = 2$，并在相同的步长下，应用指数 Euler 方法得到的图形如图 4-3 所示，从中可以看到代表均方值的曲线趋于 0，证实了指数 Euler 方法在同样的步长下是均方稳定的。这进一步说明指数 Euler 方法在一定的条件下是优于 Euler-Maruyama 方法的。

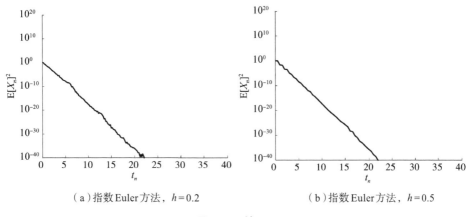

（a）指数Euler方法，$h = 0.2$　　　　　　（b）指数Euler方法，$h = 0.5$

图 4-3　情况 3

4.6　本章小结

　　本章首先引入了半线性常微分方程的指数 Euler 方法，并在此基础上给出了一类半线性随机比例微分方程指数 Euler 方法的数值格式。然后在 Lipschitz 条件和线性增长条件下，得到了半线性随机比例微分方程解析解均方稳定的充要条件。基于解析解稳定的条件，指数 Euler 方法产生的数值解在步长没有限制范围的情况下可以保持均方稳定性。最后通过数值实验验证了结论的正确性。

第5章　随机延迟系统的稳定性分析

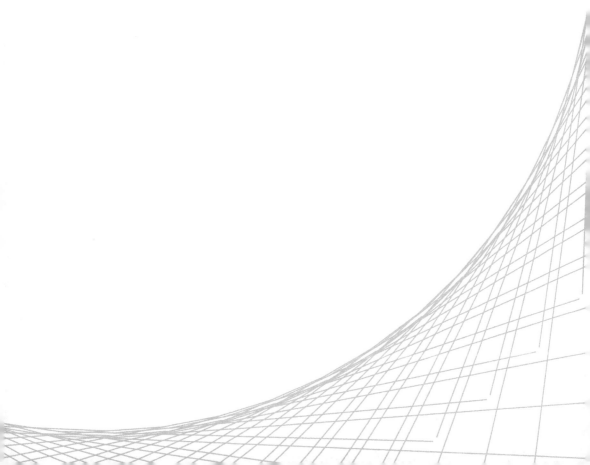

本章讨论随机延迟积分-微分方程的数值方法稳定性，对于线性随机延迟积分-微分方程，在对步长没有任何限制的条件下，分布向后 Euler 方法保持了均方稳定性。进一步地，对非线性堆积延迟积分-微分方程证实分布向后 Euler 方法的均方稳定性。

5.1　引言

随机延迟积分-微分方程作为一种数学模型，广泛应用于生物学、物理学、经济学和金融学等领域，由于随机延迟积分-微分方程自身的复杂性，这类方程的显示解是不容易获得的。因此，很有必要研究随机延迟积分-微分方程的数值解的数值方法，稳定性是随机系统数值方法的基本和重要特征。

关于随机延迟积分-微分方程的研究成果很少，Ding 等研究了线性随机延迟积分-微分方程半隐式 Euler 方法的稳定性。Rathinasamy 和 Balachandran 在积分项适当的条件下证明了具有马尔可夫切换的线性随机延迟积分-微分方程 Milstein 方法的均方稳定性。Tan 和 Wang 一起给出了分布向后 Euler 方法均方稳定的条件，Rathinasamy 和 Balachandran 还分析了线性随机延迟积分-微分方程的分步 θ 方法的 T 稳定。Wu 通过强平衡方法和弱平衡方法，以足够小的步长研究了随机延迟积分-微分方程的均方稳定性，随机延迟积分-微分方程的数值研究还不够完善。因此，发展随机延迟积分-微分方程的数值方法的稳定性是极其必要的。

本章的组织结构是这样的，第 5.2 节在介绍本章需要的符号和定义；第 5.3 节将给出一些合适的条件来保证随机延迟积分-微分方程的 Euler-Maruyama 方法的均方稳定性；第 5.4 节将采用分布向后 Euler 方法证明数值解的广义均方稳定性；第5.5节讨论非线性随机延迟积分-微分方程的均方稳定性；第5.6节给出相应的数值实验，进而证实理论与实际的一致性。

5.2 数学模型

在本章中，除非另有说明，否则设(Ω, F, P)是一个带有域流的完全概率空间，令$|\cdot|$是欧几里得范数，$W(t)$为定义在概率空间的维纳过程。

为了方便起见，首先考虑以下形式的线性随机延迟积分-微分方程，具体形式为

$$
\begin{cases}
\mathrm{d}x(t) = \left[\alpha x(t) + \beta x(t-\tau) + \gamma \int_{t-\tau}^{t} x(s)\mathrm{d}s\right]\mathrm{d}t \\
\qquad + \left[\lambda x(t) + \mu x(t-\tau) + \eta \int_{t-\tau}^{t} x(s)\mathrm{d}s\right]\mathrm{d}W(t), \quad t \geq 0 \\
x(t) = \xi(t), \quad t \in [-\tau, 0]
\end{cases}
\tag{5-1}
$$

式中，$\xi(t)$为初始函数，$\xi(t) \in C([-\tau, 0], R)$；$\alpha$、$\beta$、$\gamma$、$\lambda$、$\mu$、$\eta$为实数；$W(t)$为标准一维维纳过程；$\tau$为延迟项。

通过以往的文献，我们可以知道式（5-1）存在唯一的解，为了分析两种数值方法的均方稳定性，首先介绍下面的引理。

引理5.1 如果

$$
\alpha + |\beta| + |\gamma|\tau + \frac{1}{2}\left(|\lambda| + |\mu| + |\eta|\tau\right)^2 < 0
\tag{5-2}
$$

式（5-1）的解是均方稳定的。也就是

$$
\lim_{t \to \infty} \mathrm{E}|x(t)|^2 = 0
$$

5.3 Euler-Maruyama 方法的均方稳定性

将 Euler-Maruyama 方法应用于式（5-1）可以获得

$$X_{n+1} = X_n + (\alpha X_n + \beta X_{n-m} + \gamma \bar{X}_n)h + (\lambda X_n + \mu X_{n-m} + \eta \bar{X}_n)\Delta W_n \quad （5-3）$$

式中，$\xi = X_0$，X_n 是解析解 $x(t_n)$ 的近似值；$h > 0$ 为给定的步长，对于正整数 m，有 $t_n = nh, n = -m, -m+1, \cdots, 0$；$X_n = \xi(t_n)$；$\Delta W_n = W(t_{n+1}) - W(t_n)$ 为相互独立服从正态分布的随机变量；$\bar{X}_n$ 为积分项。选择复合梯形规则作为离散积分的工具来解决这种情况，也就是

$$\bar{X}_n = \frac{h}{2}X_{n-m} + h\sum_{k=1}^{m-1}X_{n-k} + \frac{h}{2}X_n$$

定义 5.1 如果存在 $h_0 > 0$，则对于每个步长 $h \in (0, h_0]$ 且 $h = \tau/m$，使 Euler-Maruyama 方法产生的数值近似解满足

$$\lim_{n \to \infty} \mathrm{E}|X_n|^2 = 0$$

则应用于式（5-1）的数值方法被认为是均方稳定的。

定理 5.1 在式（5-1）条件下，令 $h_0 = \max\{h_1, h_2\}$，对步长 $h \in (0, h_0]$，有

$$\lim_{n \to \infty} \mathrm{E}|X_n|^2 = 0$$

则应用于式（5-1）的 Euler-Maruyama 方法是均方稳定的。

其中，

$$h_1 = -\frac{2\alpha + 2|\beta| + 2|\gamma|\tau + \left(|\lambda| + |\mu| + |\eta|\tau\right)^2}{\left(|\alpha| + |\beta| + |\gamma|\tau\right)^2}$$

$$h_2 = \min\left\{-\frac{1}{\alpha}, -\frac{2\alpha + 2|\beta| + 2|\gamma|\tau + \left(|\lambda| + |\mu| + |m|\tau\right)^2}{\left(\alpha + |\beta| + |\gamma|\tau\right)^2}\right\}$$

证明： 由式（5-3）可知

$$X_{n+1} = \left(1 + \alpha h + \eta \Delta W_n\right)X_n + \left(\beta h + \mu \Delta W_n\right)X_{n-m} + \left(\gamma h + \eta \Delta W_n\right)\bar{X}_n$$

上式两边平方可得

$$X_{n+1}^2 = \left(1 + \alpha h + \eta \Delta W_n\right)^2 X_n^2 + \left(\beta h + \mu \Delta W_n\right)^2 X_{n-m}^2 + \left(\gamma h + \eta \Delta W_n\right)^2 \overline{X}_n^2$$

$$+ 2\left(1 + \alpha h + \eta \Delta W_n\right)\left(\beta h + \mu \Delta W_n\right) X_n X_{n-m}$$

$$+ 2\left(1 + \alpha h + \eta \Delta W_n\right)\left(\gamma h + \eta \Delta W_n\right) X_n \overline{X}_n$$

$$+ 2\left(\beta h + \mu \Delta W_n\right)\left(\gamma h + \eta \Delta W_n\right) X_{n-m} \overline{X}_n$$

$$= \left(1 + \alpha^2 h^2 + \lambda^2 \Delta W_n^2 + 2\alpha h + 2\lambda \Delta W_n + 2\alpha\lambda h \Delta W_n\right) X_n^2$$

$$+ \left(\beta^2 h^2 + 2\beta\mu h \Delta W_n + \mu^2 \Delta W_n^2\right) X_{n-m}^2 + (\gamma^2 h^2$$

$$+ 2\gamma\eta h \Delta W_n + \eta^2 \Delta W_n^2)\overline{X}_n^2 + 2[\beta h\left(1 + \alpha h + \eta \Delta W_n\right)$$

$$+ \mu \Delta W_n\left(1 + \alpha h + \eta \Delta W_n\right)] X_n X_{n-m} + 2[\gamma h\left(1 + \alpha h + \eta \Delta W_n\right)$$

$$+ \eta \Delta W_n\left(1 + \alpha h + \eta \Delta W_n\right)] X_n \overline{X}_n$$

$$+ 2\left(\beta h + \mu \Delta W_n\right)\left(\gamma h + \eta \Delta W_n\right) X_{n-m} \overline{X}_n$$

根据$2ab \leqslant |ab|\left(x^2 + y^2\right), a, b \in R,\ \tau = mh$，有

$$2X_{n-m}\overline{X}_n = 2X_{n-m}\left(\frac{h}{2} X_{n-m} + h\sum_{k=1}^{m-1} X_{n-k} + \frac{h}{2} X_n\right)$$

$$= hX_{n-m}^2 + 2hX_{n-m}\sum_{k=1}^{m-1} X_{n-k} + hX_n X_{n-m}$$

$$\leqslant hX_{n-m}^2 + h\left(m-1\right) X_{n-m}^2 + h\sum_{k=1}^{m-1} X_{n-k}^2 + \frac{h}{2}\left(X_n^2 + X_{n-m}^2\right)$$

$$\leqslant \tau X_{n-m}^2 + \frac{h}{2} X_{n-m}^2 + h\sum_{k=1}^{m-1} X_{n-k}^2 + \frac{h}{2} X_n^2 \qquad (5-4)$$

根据不等式

$$\left(a_1 + a_2 + \cdots + a_n\right)^2 \leqslant n\left(a_1^2 + a_2^2 + \cdots + a_n^2\right)$$

则式（5-4）可化为

$$\bar{X}_n^2 = h^2 \left(\frac{1}{2} X_{n-m} + \sum_{k=1}^{m-1} X_{n-k} + \frac{1}{2} X_n \right)^2$$

$$\leqslant h^2 \left(\frac{1}{4} X_{n-m}^2 + (m-1) \sum_{k=1}^{m-1} X_{n-k}^2 + \frac{1}{4} X_n^2 + \frac{1}{2} \left[(m-1) X_{n-m}^2 \right. \right.$$

$$+ \sum_{k=1}^{m-1} X_{n-k}^2 \left] + \frac{1}{2} \left(X_n^2 + X_{n-m}^2 \right) + \frac{1}{2} \left[(m-1) X_n^2 + \sum_{k=1}^{m-1} X_{n-k}^2 \right] \right)$$

$$\leqslant \tau \left(\frac{h}{2} X_{n-m}^2 + h \sum_{k=1}^{m-1} X_{n-k}^2 + \frac{h}{2} X_n^2 \right) \tag{5-5}$$

以同样的方式，得到

$$2 X_n \bar{X}_n = \tau X_n^2 + \frac{h}{2} X_{n-m}^2 + h \sum_{k=1}^{m-1} X_{n-k}^2 + \frac{h}{2} X_n^2$$

记

$$\mathrm{E}(\Delta W_n) = 0, \quad \mathrm{E}\left[\left(\Delta W_n \right)^2 \right] = h$$

$X_n, X_{n-1}, \cdots, X_{n-m}$ 是可测的，结合上式和式（5-4）、式（5-5）取数学期望得

$$\mathrm{E} X_{n+1}^2 \leqslant \left(1 + \alpha^2 h^2 + \lambda^2 h + 2\alpha h \right) \mathrm{E} X_n^2 + \left(\beta^2 h^2 + \mu^2 h \right) \mathrm{E} X_{n-m}^2$$

$$+ \left(\gamma^2 h^2 + \eta^2 h \right) \tau \mathrm{E} \left(\frac{h}{2} X_{n-m}^2 + h \sum_{k=1}^{m-1} X_{n-k}^2 + \frac{h}{2} X_n^2 \right)$$

$$+ \left[\left| (1+\alpha h) \beta h \right| + \left| \lambda \mu \right| h \right] \left(\mathrm{E} X_n^2 + \mathrm{E} X_{n-m}^2 \right)$$

$$+ \left[\left| (1+\alpha h) \gamma h \right| + \left| \lambda \eta \right| h \right] \mathrm{E} \left(\tau X_n^2 + \frac{h}{2} X_{n-m}^2 \right.$$

$$+ h \sum_{k=1}^{m-1} X_{n-k}^2 + \frac{h}{2} X_n^2 \right) + \left(\left| \beta \gamma \right| h^2 + \left| \mu \eta \right| h \right)$$

$$\times \mathrm{E} \left(\tau X_{n-m}^2 + \frac{h}{2} X_{n-m}^2 + h \sum_{k=1}^{m-1} X_{n-k}^2 + \frac{h}{2} X_n^2 \right)$$

令 $Y_n = \mathrm{E} \left| X_n \right|^2$，得

$$Y_{n+1} = P Y_n + Q Y_{n-m} + R \max_{n-m \leqslant i \leqslant n} (Y_i)$$

这里 P、Q、R 分别为

$$P = 1 + \alpha^2 h^2 + \lambda^2 h + 2\alpha h + \left|(1+\alpha h)\beta h\right| + |\lambda\mu|h + |\lambda\eta|\tau h$$
$$+ \left|(1+\alpha h)\gamma\tau h\right|$$

$$Q = \beta^2 h^2 + \mu^2 h + \left|(1+\alpha h)\beta h\right| + |\lambda\mu|h + |\beta\gamma|\tau h^2 + |\mu\eta|\tau h$$

$$R = \left(\gamma^2 h^2 + \eta h\right)\tau^2 + \left|(1+\alpha h)\gamma\tau h\right| + |\lambda\eta|\tau h + |\beta\gamma|\tau h^2 + |\mu\eta|\tau h$$

因此，

$$Y_{n+1} \leqslant (P+Q+R)\max\left\{Y_n, Y_{n-m}, \max_{n-m\leqslant i\leqslant n}(Y_i)\right\}$$

我们清晰地知道当 $Y_n \to 0(n \to \infty)$，如果 $P+Q+R < 1$，即

$$1 + \alpha^2 h^2 + \lambda^2 h + 2\alpha h + 2\left|(1+\alpha h)\beta h\right| + 2|\lambda\mu|h + 2|\lambda\eta|\tau h + \beta^2 h^2 + \mu^2 h$$
$$+ 2\left|(1+\alpha h)\gamma\tau h\right| + 2|\beta\gamma|\tau h^2 + 2|\mu\eta|\tau h + \gamma^2 h^2 + \eta^2 h < 1$$

因此，令

$$h_1 = -\frac{2\alpha + 2|\beta| + 2|\gamma|\tau + \left(|\lambda| + |\mu| + |\eta|\tau\right)^2}{\left(|\alpha| + |\beta| + |\gamma|\tau\right)^2}$$

$$h_2 = \min\left\{-\frac{1}{\alpha}, -\frac{2\alpha + 2|\beta| + 2|\gamma|\tau + \left(|\lambda| + |\mu| + |\eta|\tau\right)^2}{\left(\alpha + |\beta| + |\gamma|\tau\right)^2}\right\}$$

根据式（5-2），我们知道 $h_1 > 0, h_2 > 0$，如果 $h_0 \in (0, h_1)$，有

$$\left(\alpha^2 + 2|\alpha\beta| + 2|\alpha\gamma|\tau + \beta^2 + 2|\beta\gamma|\tau + \gamma^2\tau^2\right)h^2$$
$$+ \left(2\alpha + 2|\beta| + 2|\gamma|\tau + \left(|\lambda| + |\mu| + |\eta|\tau\right)^2\right)h < 0$$

当 $1 + \alpha h > 0$ 时，如果 $h_0 \in (0, h_2)$，有

$$\left(\alpha^2 + 2\alpha|\beta| + 2\alpha|\gamma|\tau + \beta^2 + 2|\beta\gamma|\tau + \gamma^2\tau^2\right)h^2$$
$$+ \left(2\alpha + 2|\beta| + 2|\gamma|\tau + \left(|\lambda| + |\mu| + |\eta|\tau\right)^2\right)h < 0$$

令 $h_0 \in \max(h_1, h_2)$，当 $h \in (0, h_0)$，$P+Q+R < 1$ 时，有

$$\lim_{n\to\infty} Y_n = \lim_{n\to\infty} E|X_n|^2 = 0$$

通过定义可知应用于式（5-1）的 Euler-Maruyama 方法是均方稳定的，

此定理得以证明。

5.4 分步向后Euler方法的广义均方稳定性

在式（5-1）中，应用分步向后Euler方法，得到以下形式的数值格式

$$
\begin{cases}
X_n^* = X_n + \left(\alpha X_n^* + \beta X_{n-m} + \gamma \overline{X}_n \right) h \\
X_{n+1} = X_n^* + \left(\lambda X_n^* + \mu X_{n-m} + \eta \overline{X}_n \right) \Delta W_n
\end{cases}
\tag{5-6}
$$

相关的定义可见5.3节，如果$1 - \alpha h \neq 0$，当$X_n = \xi(nh)$时，可以通过式（5-6）可以得到系列$\{X_n^*, n \geq 0\}$和$\{X_n, n \geq 1\}$。

定义5.2 对于每一步长$h = \tau/m$，如果将分步向后Euler方法应用于式（5-1），产生满足以下条件的数值解$\{X_n\}$，即

$$
\lim_{n \to \infty} \mathrm{E} \left| X_n \right|^2 = 0
$$

则称此数值方法是广义均方稳定的。

定理5.2 在式（5-2）条件下，假设$1 - \alpha h \neq 0$，应用于式（5-1）的分步向后Euler方法是广义均方稳定的。

证明： 假设$1 - \alpha h \neq 0$和$\alpha < 0$，从式（5-6）获得

$$
X_{n+1} = \frac{1 + \lambda \Delta W_n}{1 - \alpha h} \left(X_n + \beta h X_{n-m} + \gamma h \overline{X}_n \right) + \left(\mu X_{n-m} + \eta \overline{X}_n \right) \Delta W_n
$$

两边平方得

$$
X_{n+1}^2 = \left(\frac{1 + \lambda \Delta W_n}{1 - \alpha h} \right)^2 \left(X_n^2 + \beta^2 h^2 X_{n-m}^2 + \gamma^2 h^2 \overline{X}_n^2 + 2 \beta h X_n X_{n-m} + 2 \gamma h X_n \overline{X}_n \right.
$$

$$
\left. + 2 \beta y h^2 X_{n-m} \overline{X}_n \right) + \left(\mu^2 X_{n-m}^2 + \eta^2 \overline{X}_n^2 + 2 \mu \eta X_{n-m} \overline{X}_n \right) \Delta W_n^2
$$

$$
+ 2 \frac{1 + \lambda \Delta W_n}{1 - \alpha h} \left(X_n + \beta h X_{n-m} + \gamma h \overline{X}_n \right) \left(\mu X_{n-m} + \eta \overline{X}_n \right) \Delta W_n
$$

根据

$$2abxy \leqslant |ab|\left(x^2 + y^2\right), \ a,b \in R$$

$$\mathrm{E}\left(\Delta W_n\right) = 0, \ \mathrm{E}\left[\left(\Delta W_n\right)^2\right] = h$$

两边取数学期望得

$$
\begin{aligned}
\mathrm{E}X_{n+1}^2 \leqslant & \frac{1 + \lambda^2 h}{(1 - \alpha h)^2}\left[\mathrm{E}X_n^2 + \beta^2 h^2 \mathrm{E}X_{n-m}^2 + \gamma^2 h^2 \tau \mathrm{E}\left(\frac{h}{2}X_{n-m}^2\right.\right. \\
& + h\sum_{k=1}^{m-1}X_{n-k}^2 + \frac{h}{2}X_n^2\Bigg) + |\beta|h\left(\mathrm{E}X_n^2 + \mathrm{E}X_{n-m}^2\right) \\
& + |\gamma|h\mathrm{E}\left(\tau X_n + \frac{h}{2}X_{n-m}^2 + h\sum_{k=1}^{m-1}X_{n-k}^2 + \frac{h}{2}X_n^2\right) \\
& + |\beta\gamma|h^2\mathrm{E}\left(\tau X_{n-m} + \frac{h}{2}X_{n-m}^2 + h\sum_{k=1}^{m-1}X_{n-k}^2 + \frac{h}{2}X_n^2\right)\Bigg] \\
& + \mu^2 h\mathrm{E}X_{n-m}^2 + \eta^2 \tau h\mathrm{E}\left(\frac{h}{2}X_{n-m}^2 + h\sum_{k=1}^{m-1}X_{n-k}^2 + \frac{h}{2}X_n^2\right) \\
& + |\mu\eta|h\mathrm{E}\left(\tau X_{n-m} + \frac{h}{2}X_{n-m}^2 + h\sum_{k=1}^{m-1}X_{n-k}^2 + \frac{h}{2}X_n^2\right) \\
& + \frac{|\lambda\mu|h}{1 - \alpha h}\left(\mathrm{E}X_n^2 + \mathrm{E}X_{n-m}^2\right) + \frac{2|\beta\lambda\mu|h^2}{1 - \alpha h}\mathrm{E}X_{n-m}^2 \\
& + \frac{|\gamma\lambda\mu|h^2}{1 - \alpha h}\mathrm{E}\left(\tau X_{n-m} + \frac{h}{2}X_{n-m}^2 + h\sum_{k=1}^{m-1}X_{n-k}^2 + \frac{h}{2}X_n^2\right) \\
& + \frac{|\lambda n|h}{1 - \alpha h}\mathrm{E}\left(\tau X_n + \frac{h}{2}X_{n-m}^2 + h\sum_{k=1}^{m-1}X_{n-k}^2 + \frac{h}{2}X_n^2\right) \\
& + \frac{|\beta\lambda\eta|h^2}{1 - \alpha h}\mathrm{E}\left(\tau X_{n-m} + \frac{h}{2}X_{n-m}^2 + h\sum_{k=1}^{m-1}X_{n-k}^2 + \frac{h}{2}X_n^2\right) \\
& + \frac{2|\gamma\lambda\eta|h^2}{1 - \alpha h}\tau\mathrm{E}\left(\frac{h}{2}X_{n-m}^2 + h\sum_{k=1}^{m-1}X_{n-k}^2 + \frac{h}{2}X_n^2\right)
\end{aligned}
$$

特别地，

$$\mathrm{E}X_{n+1}^2 \leqslant P\mathrm{E}X_n^2 + Q\mathrm{E}X_{n-m}^2 + R\max_{n-m \leqslant i \leqslant n}\mathrm{E}\left(X_i^2\right)$$

这里

$$P = \frac{1+\lambda^2 h}{(1-\alpha h)^2}\left(1+|\beta|h+|\gamma|h\tau\right) + \frac{|\lambda\eta|h\tau}{1-\alpha h} + \frac{|\lambda\mu|h}{1-\alpha h}$$

$$Q = \frac{1+\lambda^2 h}{(1-\alpha h)^2}\left(\beta^2 h^2 + |\beta|h + |\beta\gamma|\tau h^2\right) + \mu^2 h + |\mu\eta|\tau h$$

$$+ \frac{|\lambda\mu|h}{1-\alpha h} + \frac{|\beta\lambda\eta|\tau h^2}{1-\alpha h} + \frac{|\gamma\lambda\mu|\tau h^2}{1-\alpha h} + \frac{2|\beta\lambda\mu|h^2}{1-\alpha h}$$

$$R = \frac{1+\lambda^2 h}{(1-\alpha h)^2}\left(\gamma^2 h^2\tau^2 + |\gamma|\tau h + |\beta\gamma|\tau h^2\right) + \eta^2\tau^2 h + |\mu\eta|\tau h$$

$$+ \frac{|\gamma\lambda\mu|\tau h^2}{1-\alpha h} + \frac{|\lambda\eta|\tau h}{1-\alpha h} + \frac{|\beta\lambda\eta|\tau h^2}{1-\alpha h} + \frac{2|\gamma\lambda\eta|h^2}{1-\alpha h}\tau^2$$

令

$$Y_n = E\left|X_n^2\right|$$

上面不等式变成

$$Y_{n+1} \le (P+Q+R)\max\left\{Y_n, Y_{n-m}, \max_{n-m\le i\le n} Y_i\right\}$$

我们清晰地知道，当 $Y_n \to 0(n\to\infty)$，如果 $P+Q+R<1$，有

$$\frac{1+\lambda^2 h}{(1-\alpha h)^2}\left(1+|\beta|h+2|\gamma|h\tau\right)^2 + \frac{2|\lambda\mu|h}{1-\alpha h} + \frac{2|\lambda\eta|\tau h}{1-\alpha h} + \frac{2|\beta\lambda\mu|h^2}{1-\alpha h}$$

$$+ \frac{2|\gamma\lambda\mu|\tau h^2}{1-\alpha h} + \frac{2|\beta\lambda\eta|\tau h^2}{1-\alpha h} + \frac{2|\gamma\lambda\eta|\tau^2 h^2}{1-\alpha h} + \left(|\mu|+|\eta|\tau\right)^2 h < 1$$

因此，有

$$\left[\left(|\beta\lambda|+|\gamma\lambda|\tau\right) - \alpha\left(|\mu|+|\eta|\tau\right)\right]^2 h^2 + [(|\beta|+|\gamma|\tau)^2 - \alpha^2$$

$$+ \left(2|\lambda|+2|\mu|+2|\eta|\tau\right)\left(|\beta\lambda|+|\gamma\lambda|\tau - \alpha\left(|\mu|+|\eta|\tau\right)\right)]h$$

$$+ 2\alpha + 2|\beta| + 2|\gamma|\tau + \left(|\lambda|+|\mu|+|\eta|\tau\right)^2 < 0$$

令

$$F(h) = Ah^2 + Bh + 2\alpha + 2|\beta| + 2|\gamma|\tau + \left(|\lambda|+|\mu|+|\eta|\tau\right)^2$$

这里

$$A = \left[\left(|\beta\lambda| + |\gamma\lambda|\tau \right) - \alpha\left(|\mu| + |\eta|\tau \right) \right]^2$$

$$B = \left(|\beta| + |\gamma|r \right)^2 - \alpha^2 + \left(2|\lambda| + 2|\mu| + 2|\eta|\tau \right)\left(|\beta\lambda| + |\gamma\lambda|\tau \right) - \alpha\left(|\mu| + |\eta|\tau \right)$$

$$\Delta = \left[\left(|\beta| + |\gamma|\tau \right)^2 - \alpha^2 + \left(2|\lambda| + 2|\mu| + 2|\eta|\tau \right)\left(|\beta\lambda| + |\gamma\lambda|\tau - \left(|\mu| + |\eta|\tau \right) \right) \right]^2$$

$$- 4\left[\left(|\beta\lambda| + |\gamma\lambda|\tau \right) - \alpha\left(|\mu| + |\eta|\tau \right) \right]^2 \left[2\alpha + 2|\beta| + 2|\gamma|\tau + \left(|\lambda| + |\mu| + |\eta|\tau \right)^2 \right]$$

很容易得到 $A > 0$，因为二次函数的性质，我们知道，对于任意 $0 < h < 1$，有 $F(h) < 0$ 成立，但 $\dfrac{-B + \sqrt{\Delta}}{2A} \geq 1$，所以分布向后 Euler 方法是广义均方稳定的。这就证明了此定理。

5.5 非线性随机系统分步向后 Euler 方法的均方稳定性

本节将讨论非线性随机延迟积分 - 微分方程分布向后 Euler 方法的均方稳定性。考虑下列非线性随机系统

$$\begin{cases} \mathrm{d}x(t) = f\left(x(t), x(t-\tau), \int_{t-\tau}^{t} x(s)\mathrm{d}s \right)\mathrm{d}t \\ \qquad + g\left(x(t), x(t-\tau), \int_{t-\tau}^{t} x(s)\mathrm{d}s \right)\mathrm{d}W(t) \\ x(t) = \xi(t), \quad t \in [-\tau, 0] \end{cases} \quad (5-7)$$

式中，$f : R^d \times R^d \times R^d \to R^d, g : R^d \times R^d \times R^d \to R^{d \times m}$；$W(t)$ 为 m 维维纳过程；τ 为延迟项。如果 f、g 足够光滑且满足 Lipschitz 条件和线性增长条件，式（5-7）有唯一的强解 $x(t)$。

分步向后 Euler 方法应用于式（5-7）可得

$$\begin{cases} X_n^* = X_n + f\left(X_n^*, X_{n-m}, \bar{X}_n \right)h \\ X_{n+1} = X_n^* + g\left(X_n^*, X_{n-m}, \bar{X}_n \right)\Delta W_n \end{cases} \quad (5-8)$$

X_n、X_n^*、$\bar{X}_n$、h、ΔW_n 如上面章节所定义。

引理 5.2　如果存在常数 a_1、a_2、a_3、b_1、b_2、b_3，对所有 $x,u,v \in R^d$ 有

$$\langle x, f(x,0,0) \rangle \leqslant -a_1 |x|^2$$

$$|f(x,u,v) - f(x,0,0)| \leqslant a_2 |u| + a_3 |v|$$

$$|g(x,u,v)|^2 \leqslant b_1 |x|^2 + b_2 |u|^2 + b_3 |v|^2$$

定理 5.3　假设引理 5.1 成立，令

$$-a_1 + a_2 + a_3\tau + \frac{1}{2}(b_1 + b_2 + b_3\tau^2) < 0$$

如果存在 $h_0 > 0$，对于每一个步长 $h \in (0, h_0]$，有

$$\lim_{n \to \infty} E|X_n|^2 = 0$$

则应用于式（5-7）的数值解是均方稳定的。这里

$$h_0 = -\frac{-2a_1 + 2a_2 + 2a_3\tau + (b_1 + b_2 + b_3\tau^2)}{b_1(a_2 + a_3\tau) + (b_2 + b_3\tau^2)(2a_1 - a_2 - a_3\tau)}$$

证明：从式（5-8）的第二个方程可得

$$|X_{n+1}|^2 = |X_n^*|^2 + |g(X_n^*, X_{n-m}, \bar{X}_n)|^2 \Delta W_n^2 + 2\langle X_n^*, g(X_n^*, X_{n-m}, \bar{X}_n)\Delta W_n \rangle$$

记

$$E(\Delta W_n) = 0$$

$$E\left[(\Delta W_n)^2\right] = h$$

因此，

$$E\left(X_n^*, g\left(X_n^*, X_{n-m}, \bar{X}_n\right)\Delta W_n\right) = 0$$

$$E\left|g\left(X_n^*, X_{n-m}, \bar{X}_n\right)\right|^2 \Delta W_n^2 = \left|g\left(X_n^*, X_{n-m}, \bar{X}_n\right)\right|^2 h$$

结合引理中的第三条，上式两边同时取数学期望得

$$E|X_{n+1}|^2 \leqslant E|X_n^*|^2 + \left(b_1 E|X_n^*|^2 + b_2 E|X_{n-m}|^2 + b_3 E|\bar{X}_n|^2\right)h$$

$$\leqslant (1 + b_1 h) E|X_n^*|^2 + b_2 h E|X_{n-m}|^2 + b_3 h E|\bar{X}_n|^2$$

接下来，我们来解决式（5-8）中得第一个方程的数学期望 $E|X_n^*|^2$，由

$$X_n^* - f\left(X_n^*, X_{n-m}, \bar{X}_n\right)h = X_n$$

两边同时平方得

$$\left|X_n^*\right|^2 \leqslant \left|X_n\right|^2 + 2h\left(X_n^*, f\left(X_n^*, X_{n-m}, \overline{X}_n\right)\right)$$

通过引理中的条件可得

$$2\left(X_n^*, f\left(X_n^*, X_{n-m}, \overline{X}_n\right)\right) = 2\left(X_n^*, f\left(X_n^*, 0, 0\right)\right)$$

$$+ 2\left(X_n^*, \left(f\left(X_n^*, X_{n-m}, \overline{X}_n\right) - f\left(X_n^*, 0, 0\right)\right)\right)$$

$$\leqslant -2a_1\left|X_n^*\right|^2 + a_2\left(\left|X_n^*\right|^2 + \left|X_{n-m}\right|^2\right) + 2a_3\left|X_n^*\overline{X}_n\right|$$

其中，

$$2x_n^*\overline{X}_n = \tau X_n^* + \frac{h}{2}X_{n-m}^2 + h\sum_{k=1}^{m-1}X_{n-k}^2 + \frac{h}{2}X_n^2$$

两边同时取数学期望得

$$\mathrm{E}\left|X_n^*\right|^2 \leqslant \mathrm{E}\left|X_n\right|^2 - 2a_1h\mathrm{E}\left|X_n^*\right|^2 + a_2h\mathrm{E}\left(\left|X_n^*\right|^2 + \left|X_{n-m}\right|^2\right)$$

$$+ a_3h\left(\tau X_n^* + \frac{h}{2}X_{n-m}^2 + h\sum_{k=1}^{m-1}X_{n-k}^2 + \frac{h}{2}X_n^2\right)$$

$$\leqslant \left(-2a_1h + a_2h + a_3h\tau\right)\mathrm{E}\left|X_n^*\right|^2 + \mathrm{E}\left|X_n\right|^2 + a_2h\mathrm{E}\left|X_{n-m}\right|^2$$

$$+ a_3h\tau \max_{n-m<i<n}\mathrm{E}\left|X_i\right|^2$$

格外地

$$\mathrm{E}\left|X_n^*\right|^2 \leqslant \frac{1}{1+2a_1h-a_2h-a_3h\tau}\mathrm{E}\left|X_n\right|^2 + \frac{a_2h}{1+2a_1h-a_2h-a_3h\tau}\mathrm{E}\left|X_{n-m}\right|^2 +$$

$$\frac{a_3h\tau}{1+2a_1h-a_2h-a_3h\tau}\max_{n-m<i<n}\mathrm{E}\left|X_i\right|^2$$

因此，

$$\mathrm{E}\left|X_{n+1}\right|^2 \leqslant \left(1+b_1h\right)\mathrm{E}\left|X_n^*\right|^2 + b_2h\mathrm{E}\left|X_{n-m}\right|^2 + b_3h\mathrm{E}\left|\overline{X}_n\right|^2$$

$$\leqslant \frac{1+b_1h}{1+2a_1h-a_2h-a_3h\tau}\mathrm{E}\left|X_n\right|^2 + \left(\frac{a_2h\left(1+b_1h\right)}{1+2a_1h-a_2h-a_3h\tau} + b_2h\right) \cdot$$

$$\mathrm{E}\left|X_{n-m}\right|^2 + \left(\frac{a_3h\tau\left(1+b_1h\right)}{1+2a_1h-a_2h-a_3h\tau} + b_3h\tau^2\right)\max_{n-m\leqslant i\leqslant n}\mathrm{E}\left|X_i\right|^2$$

我们可以简化地写成

$$\mathrm{E}\left|X_{n+1}\right|^2 \leqslant P\mathrm{E}\left|X_n\right|^2 + Q\mathrm{E}\left|X_{n-m}\right|^2 + R\max_{n-m\leqslant i\leqslant n}\mathrm{E}\left|X_i\right|^2$$

这里

$$P = \frac{1 + b_1 h}{1 + 2a_1 h - a_2 h - a_3 h\tau}$$

$$Q = \frac{a_2 h (1 + b_1 h)}{1 + 2a_1 h - a_2 h - a_3 h\tau} + b_2 h$$

$$R = \frac{a_3 h\tau (1 + b_1 h)}{1 + 2a_1 h - a_2 h - a_3 h\tau} + b_3 h\tau^2$$

所以，

$$\mathrm{E} |X_{n+1}|^2 \leqslant (P + Q + R) \left\{ \mathrm{E} |X_n|^2, \mathrm{E} |X_{n-m}|^2, \max_{n-n \leqslant i \leqslant n} \mathrm{E} |X_i|^2 \right\}$$

如果

$$P + Q + R < 1$$

很容易知道当 $n \to \infty$，$E|X_n|^2 \to 0$，根据相应条件，有

$$\left[b_1 (a_2 + a_3\tau) + (b_2 + b_3\tau^2)(2a_1 - a_2 - a_3\tau) \right] h^2 + (-2a_1 + 2a_2 + 2a_3\tau$$

$$+ (b_1 + b_2 + b_3\tau^2)) h < 0$$

记

$$a_2 h + a_3 h\tau + b_1 h + a_2 b_1 h^2 + a_3 b_1 \tau h^2 + b_3 h\tau^2 + b_3 \tau^2 (2a_1 - a_2 - a_3\tau) h^2$$

$$+ b_2 h + b_2 (2a_1 - a_2 - a_3\tau) h^2 - 2a_1 h + a_2 h + a_3 h\tau < 0$$

因此，对于每一个步长 $h \in (0, h_0]$，有

$$\lim_{n \to \infty} \mathrm{E} |X_n|^2 = 0$$

即对于非线性随机系统，分步向后 Euler 方法是均方稳定的。

5.6　数值实验

本节将主要讨论上述理论结果的数值实验，考虑以下形式的随机方程。

$$\begin{cases} dx(t) = \left[\alpha x(t) + \beta x(t-1) + \gamma \int_{t-1}^{t} x(s) ds \right] dt \\ \qquad + \left[\lambda x(t) + \mu x(t-1) + \eta \int_{t-1}^{t} x(s) ds \right] dW(t) \\ x(t) = \xi(t), \qquad t \in [-1, 0] \end{cases}$$

取满足式（5-2）的参数值

$$\alpha = -10, \beta = 2, \lambda = 1, \lambda = 0.5, \mu = 0.2, \eta = 0.5$$

情况1 我们可以很容易获得 $h_1 = \dfrac{12.56}{169}$，$h_2 = \min\left\{\dfrac{1}{10}, \dfrac{12.56}{169}\right\}$，根据定

理5.1，$h_0 = \max\{h_1, h_2\} = \dfrac{1}{10}$，当步长 $h \in \left(0, \dfrac{1}{10}\right]$ 时，上述示例方程的Euler-

Maruyama方法是均方稳定的。然而，当步长 $h = \dfrac{1}{5} > \dfrac{1}{10}$ 时，Euler-Maruyama

方法是均方不稳定的，具体见图5-1。

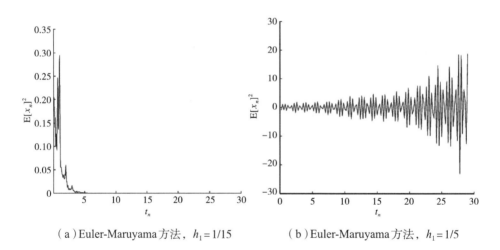

（a）Euler-Maruyama方法，$h_1 = 1/15$　　（b）Euler-Maruyama方法，$h_1 = 1/5$

图5-1　情况1

情况2 我们知道

$$A = \left[(|\beta\lambda| + |\gamma\lambda|\pi) - \alpha(|\mu| + |\eta|\tau) \right]^2 > 0, \quad \dfrac{-B + \sqrt{\Delta}}{2A} \approx 1.13 > 1$$

条件满足定理5.2。因此，对任何 $0 < h < 1$，分布向后Euler方法是广义均方

稳定的，由图5-2很容易得出，在情况1中的相同步长下，数值解是广义均

方稳定的。这个结论从某种意义上暗示着在均方稳定方面，分布向后 Euler 方法比 Euler-Maruyama 方法更有优越性。

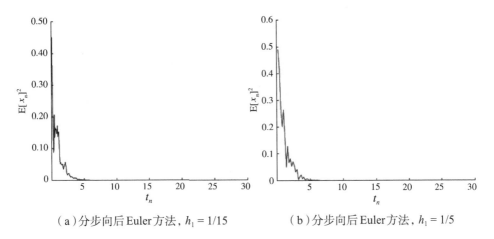

（a）分步向后 Euler 方法，$h_1 = 1/15$　　　　（b）分步向后 Euler 方法，$h_1 = 1/5$

图 5-2　情况 2

情况 3　我们将讨论下面随机延迟积分 - 微分方程

$$\begin{cases} \mathrm{d}x(t) = \left[-80x(t) + 10x(t-1) + 10\int_{t-1}^{t} x(s)\mathrm{d}s \right]\mathrm{d}t \\ \qquad\quad + \left[0.4x(t) + 0.4x(t-1) + 4\int_{t-1}^{t} x(s)\mathrm{d}s \right]\mathrm{d}W(t) \\ x(t) = 1, \qquad t \in [-1,0] \end{cases}$$

上述方程的系数分别为

$$a_1 = 80, a_2 = 10, a_3 = 10, b_1 = 2, b_2 = 2, b_3 = 20, \tau = 1$$

满足引理 5.2，因此

$$-a_1 + a_2 + a_3\tau + \frac{1}{2}(b_1 + b_2 + b_3\tau^2) = -96 < 0$$

我们可以计算出定理 5.3 中，当步长 $h_0 \approx 0.03$ 时，所用的图是使用 200 个数据的轨迹绘制的。分布向后 Euler 方法在 $h = 0.01$ 时是均方稳定的。而 h 不满足 $(0, h_0]$，即 $h = 0.1 > h_0$，分布向后 Euler 方法是不稳定的，如图 5-3 所示。

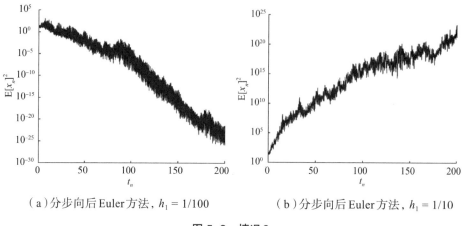

（a）分步向后 Euler 方法，$h_1 = 1/100$ （b）分步向后 Euler 方法，$h_1 = 1/10$

图 5-3   情况 3

5.7 本章小结

    本章研究了一类线性随机延迟方程的 Euler-Maruyama 方法和分布向后 Euler 方法的均方稳定性与广义均方稳定性。通过数值实验的分析，获得了分布向后 Euler 方法在均方稳定性方面是优于 Euler-Maruyama 方法的。最终也证实了非线性延迟积分-微分方程数值方法的均方稳定性，通过实验，同样证明了相应的结论。

第6章　随机延迟系统改进数值方法的稳定性分析

本章首先提出一种改进的分步 θ 法，命名为分步复合 θ 法，被用于实际研究具有固定延迟的随机微分方程的均方稳定性。然后在全局 Lipschitz 条件和线性增长条件下，证明 $\theta \geqslant 0.5$ 的分步复合 θ 方法具有均方稳定性，通过对该方法参数的选择，提高数值稳定性的路径。最后给出数值算例说明理论结果和数值结果的一致性。

6.1　引言

随机延迟微分方程在信号处理、生物系统、金融工程等领域有着广泛的应用，稳定性理论作为随机系统数值分析的核心问题之一，受到了广泛的关注。由于随机延迟微分方程本身的特点，要获得方程的解析解并不容易。因此，数值解分析具有一定的理论价值和实际意义。

随机延迟微分方程的数值方法稳定性分析已经取得了一些成果，分步 θ 方法作为一种重要的数值方法，已经应用于各种随机系统。Rathinasamy 研究了在适当条件下随机延迟 Hopfield 神经网络的分布方法的均方稳定性。Cao 等研究了具有固定时间延迟的随机微分方程的分步 θ 方法的指数均方稳定性。Huang 等证明了在漂移系数和扩散系数耦合条件下，$\theta \geqslant 0.5$ 的分步 θ 方法仍然保持系统的指数均方稳定性。Guo 等介绍了分步 θ 方法求解随机微分方程的均方稳定性。

本章构造了随机延迟微分的分步复合 θ 方法，通过改变参数的值来提高稳定性，并证明分步复合 θ 方法的均方稳定性优于分布 θ 方法。6.2 节将介绍分步复合 θ 方法。6.3 节将分析该数值方法对线性随机延迟微分方程的稳定性。6.4 节将进行数值案例分析，进一步验证所得的结果。

6.2 初论与分步复合 θ 方法

在本章中，除非另作说明，(Ω, F, P) 是完备的概率空间，Ω 和 P 是样本空间和概率。设 $|\cdot|$ 是欧式范数。$W(t)$ 是定义在概率空间上的维纳过程。考虑下面的随机延迟微分方程

$$\begin{cases} dx(t) = f(t, x(t), x(t-\tau))dt + g(t, x(t), x(t-\tau))dW(t) \\ x(t) = \varphi(t) \end{cases} \tag{6-1}$$

对于式（6-1）给出一些假设条件。

假设6.1 f、g 满足 Lipschitz 条件和线性增长条件

（1）对于所有的 $x_1, x_2, y_1, y_2 \in R$，存在正实数 K 和 $t \in [0, t]$

$$\left| f(t, x_1, y_1) - f(t, x_2, y_2) \right|^2 \vee \left| g(t, x_1, y_1) - g(t, x_2, y_2) \right|^2$$

$$\leqslant K \left(\left| x_1 - x_2 \right|^2 + \left| y_1 - y_2 \right|^2 \right)$$

（2）对于所有的 $(t, x, y) \in [0, T] \times R \times R$，存在正实数 L

$$\left| f(t, x, y) \right|^2 \vee \left| g(t, x, y) \right|^2 \leqslant L(1 + |x|^2 + |y|^2)$$

方程存在唯一解。

将分步复合 θ 方法应用于式（6-1），可以获得

$$\begin{cases} x_n^* = x_n + \left(\theta f(t_n, x_n^*, x_{n-m}^*) + (1-\theta) f(t_n, x_n, x_{n-m}) \right) h \\ x_{n+1} = x_n^* + \left(\lambda g(t_n, x_n^*, x_{n-m}^*) + (1-\lambda) g(t_n, x_n, x_{n-m}) \right) \Delta W_n \end{cases}$$

这里参数 θ 和 λ 的范围都为 $[0, 1]$，x_n 是解析解的近似值，$h = T/N$ 是给定的步长，$\tau = mh$，m 是正整数，$W_n = W(t_{n+1}) - W(t_n)$，$t_n = nh$。当参数 $\lambda = 1$ 时，此方法是分步 θ 方法，当参数 $\theta = 1$，$\lambda = 1$ 时，此方法是分步向后 Euler 方法，当参数 $\theta = 0$，$\lambda = 1$ 时，此方法是分步向前 Euler 方法。

定义6.1 如果存在一个常数 $\rho > 0$ 和 $\|\phi\| < \rho$，即

$$\lim_{t \to \infty} E |x(t)|^p = 0$$

则式（6-1）的解析解被称为 p 阶指数稳定。当 $p = 2$ 时，称为均方稳定。

6.3 分步复合 θ 方法的稳定性分析

本节我们将讨论如下式形式的随机系统的分步复合 θ 方法的稳定性：

$$\begin{cases} \mathrm{d}x(t) = ax(t)\mathrm{d}t + (bx(t) + cx(t-\tau))\mathrm{d}W(t), & t \geq 0 \\ x(t) = \varphi(t), & t \in [-\tau, 0] \end{cases} \qquad (6\text{-}2)$$

式中，a、b、c 为实数。

定义6.2 如果对于每一个步长，由分步复合 θ 方法产生的数值解 x_n 满足

$$\lim_{n \to \infty} \mathrm{E}|x_n|^2 = 0$$

则应用于式（6-1）的数值方法是均方稳定的。

定理6.1 令 a、b、c 是满足式（6-2）的系数，θ 和 λ 是参数，h 是步长，如果 a、b、c 满足

$$a + \frac{1}{2}\big(|b| + |c|\big)^2 < 0$$

而参数 $\theta \geq \max\left\{\dfrac{1}{2}, \lambda - \dfrac{2}{|a|h}\right\}$，分步复合 θ 方法显示出均方稳定性。

证明：将分步复合 θ 方法应用于式（6-2），我们将得到如下形式的数值格式：

$$\begin{cases} x_n^* = x_n + \big[\theta a x_n^* + (1-\theta)a x_n\big]h \\ x_{n+1} = x_n^* + \big[\lambda(b x_n^* + c x_{n-m}^*) + (1-\lambda)(b x_n + c x_{n-m})\big]\Delta W_n \end{cases} \qquad (6\text{-}3)$$

即

$$(1 - \theta a h)x_n^* = (1 + (1-\theta)ah)x_n$$

$$x_n^* = \frac{1 + (1-\theta)ah}{1 - \theta a h}x_n$$

$$x_{n-m}^* = \frac{1 + (1-\theta)ah}{1 - \theta a h}x_{n-m}$$

将上式代入式（6-3）的第二个式子得到

$$x_{n+1} = \left(1 + \lambda b\Delta W_n\right)x_n^* + \lambda c\Delta W_n x_{n-m}^* + \left[\left(1-\lambda\right)\left(bx_n + cx_{n-m}\right)\right]\Delta W_n$$

$$= \left[\frac{\left(1+\lambda b\Delta W_n\right)\left(1+\left(1-\theta\right)ah\right)}{1-\theta ah} + \left(1-\lambda\right)b\Delta W_n\right]x_n$$

$$+ \left[\frac{\left(\lambda c\Delta W_n\right)\left(1+\left(1-\theta\right)ah\right)}{1-\theta ah} + \left(1-\lambda\right)c\Delta W_n\right]x_{n-m}$$

上式两边平方得

$$\left(1-\theta ah\right)^2 x_{n+1}^2 = \left[1+\left(1-\theta\right)ah + b\Delta W_n + \left(\lambda-\theta\right)abh\Delta W_n\right]^2 x_n^2$$

$$+ \left[c\Delta W_n + \left(\lambda-\theta\right)ach\Delta W_n\right]^2 x_{n-m}^2 + 2[1+\left(1-\theta\right)ah$$

$$+ b\Delta W_n + \left(\lambda-\theta\right)abh\Delta W_n][c\Delta W_n + \left(\lambda-\theta\right)ach\Delta W_n]x_n x_{n-m}$$

使用不等式

$$2\alpha\beta \leqslant \alpha^2 + \beta^2$$

两边同时取数学期望得

$$\left(1-\theta ah\right)^2 \mathrm{E}\,|\,x_{n+1}\,|^2 \leqslant \left[\left(1+\left(1-\theta\right)ah\right)^2 + b^2 h + \left(\lambda-\theta\right)^2 a^2 b^2 h^3\right.$$

$$+ 2\left(\lambda-\theta\right)ab^2 h^2\left]\mathrm{E}x_n^2 + \left[c^2 h + \left(\lambda-\theta\right)^2 a^2 c^2 h^3\right.\right.$$

$$+ 2\left(\lambda-\theta\right)ac^2 h^2\left]\mathrm{E}x_{n-m}^2 + \left[|bc|h + 2\left(\lambda-\theta\right)|abc|h^2\right.\right.$$

$$+ \left(\lambda-\theta\right)^2 a^2 |bc|h^3\right]\left(\mathrm{E}x_n^2 + \mathrm{E}x_{n-m}^2\right)$$

也就是

$$\left(1-\theta ah\right)^2 \mathrm{E}\,|\,x_{n+1}\,|^2 \leqslant A\left(a,b,c,h,\theta,\lambda\right)\mathrm{E}x_n^2 + B\left(a,b,c,h,\theta,\lambda\right)\mathrm{E}x_{n-m}^2$$

这里

$$A\left(a,b,c,h,\theta,\lambda\right) = \left(1+\left(1-\theta\right)ah\right)^2 + b^2 h + \left(\lambda-\theta\right)^2 a^2 b^2 h^3 + +2\left(\lambda-\theta\right)ab^2 h^2$$

$$+ |bc|h + 2\left(\lambda-\theta\right)|abc|h^2 + \left(\lambda-\theta\right)^2 a^2 |bc|h^3$$

$$B\left(a,b,c,h,\theta,\lambda\right) = c^2 h + \left(\lambda-\theta\right)^2 a^2 c^2 h^3 + 2\left(\lambda-\theta\right)ac^2 h^2$$

$$+ |bc|h + 2\left(\lambda-\theta\right)|abc|h^2 + \left(\lambda-\theta\right)^2 a^2 |bc|h^3$$

由 $1-\theta ah>0$ 和定理 6.1 中的条件，显然可知

$$A\left(a,b,c,h,\theta,\lambda\right)+B\left(a,b,c,h,\theta,\lambda\right)<\left(1-\theta ah\right)^2$$

上面不等式等价于

$$\left(1-2\theta\right)a^2h+2a+\left(1+\left(\lambda-\theta\right)ah\right)^2\left(|b|+|c|\right)^2<0 \qquad （6-4）$$

如果

$$\left|1+\left(\lambda-\theta\right)ah\right|\leqslant 1$$

从上面条件我们可获得，当 $a<0$ 时，可知

$$2a+\left(1+\left(\lambda-\theta\right)ah\right)^2\left(|b|+|c|\right)^2<0$$

因此，当 $\theta\geqslant 0.5$ 时，式（6-4）成立，我们得到了参数 h、θ、λ 的关系，也就是

$$\theta\geqslant\lambda-\frac{2}{\left(|a|h\right)}$$

定理得证。

6.4　数值案例

对上述方程

$$\begin{cases}\mathrm{d}x(t)=ax(t)\mathrm{d}t+(bx(t)+cx(t-\tau))\mathrm{d}W(t),\quad t\geqslant 0\\ x(t)=\varphi(t),\quad t\in\left[-\tau,0\right]\end{cases}$$

取参数 $a=-20$，$b=4$，$c=2$，系数满足定理 6.1 中的条件，我们使用 Matlab 程序随机的产生 2 000 个轨迹，也就是

$$\gamma_j=\frac{1}{2\ 000}\sum_{i=1}^{2\ 000}\left|y_j^i\right|^2$$

这里 y_i^i 是在 t_i 时刻第 i 条轨迹的数值解。

情况 1　固定步长 $h=1$，如图 6-1 所示，当 $\theta=0.5$ 时，分步复合 θ 方法表现出不是均方稳定的。而当 $\theta=0.8$ 时，分步复合 θ 方法是均方稳定的。参数 θ 越接近于 1，分步复合 θ 方法越稳定。

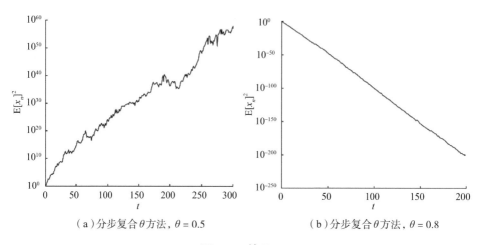

（a）分步复合θ方法，θ = 0.5　　　　　（b）分步复合θ方法，θ = 0.8

图 6-1　情况 1

情况 2　固定参数θ = 0.5，取步长h = 0.25，我们分别取λ = 1和λ = 0.8，如图 6-2 所示。从图中可以看出，当λ = 1时，数值解的二阶矩爆发，当λ = 0.8时，数值解的二阶矩趋于 0，适当调整的参数值可以提高随机系统的稳定性。

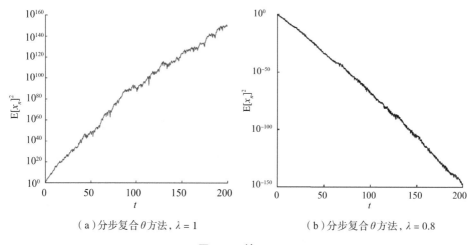

（a）分步复合θ方法，λ = 1　　　　　（b）分步复合θ方法，λ = 0.8

图 6-2　情况 2

情况 3　固定参数θ = 0.5，当λ = 0.8时，我们分别选择步长为h = 0.5和h = 0.25，数值计算结果如图 6-3 所示。结果表明，当步长h = 0.25时，分步

复合 θ 方法保持均方稳定。

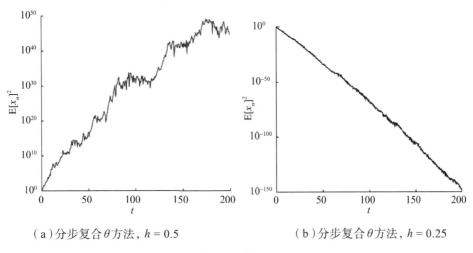

（a）分步复合 θ 方法，$h = 0.5$　　　　　（b）分步复合 θ 方法，$h = 0.25$

图 6-3　情况 3

6.5　本章小结

本章讨论了随机延迟微分方程的分步复合 θ 方法的稳定性，证明了当 $\theta \geqslant 0.5$ 时分步复合 θ 方法的均方稳定性。我们可以通过调整参数 h、θ、λ 的值来维持和提高随机系统的分步复合 θ 方法的稳定性。同时，证明了分布复合 θ 方法在稳定性方面是优于分步 θ 方法的。

第7章 Poisson 白噪声激励下随机系统的稳定性分析

本章将介绍在 Poisson 白噪声激励下的随机系统，此系统是双激励下的随机系统，我们将构造指数 Euler 方法和补偿指数 Euler 方法，进行稳定性分析。

7.1 引言

随机微分方程和随机延迟微分方程的基础理论知识体系已经得到发展与完善，其实际应用也广泛地渗透到生态、医学、金融和经济等各大领域中。一般来说，随机系统都是将 Gauss 白噪声作为随机干扰源。然而，在自然和社会生活中，我们常常会遇到突发情况。比如，自然灾害的突然发生，对生物种群数量上的影响；在航海的过程中，船舶受到不同海域风浪的冲击。这些随机过程都不适合用平稳的 Gauss 白噪声刻画。此时，Poisson 白噪声的特质恰好可以描述这样的随机过程。因此，在系统中考虑 Gauss 白噪声和 Poisson 白噪声作为随机干扰源是必然的需求。

受 Poisson 白噪声激励下的随机系统，称为带 Poisson 跳的随机系统。这类系统已经在生物学、金融学等领域有了很好的发展。目前，引起了很多学者的关注，成为研究的热点。关于 Poisson 激励下随机系统解析解的理论和稳定性条件可以参考文献 [106-108]。下面主要介绍一些有关数值解稳定取得的成果。

Higham 和 Kloeden 第一次提出跳跃扩散 Itô 型随机微分方程

$$\begin{cases} dx(t) = f\big(x(t^-)\big)dt + g\big(x(t^-)\big)dW(t) + h\big(x(t^-)\big)dN(t) \\ x(0^-) = x_0 \end{cases} \tag{7-1}$$

其中，$x(t^-) = \lim_{s \to t} x(s)$，该文献研究了分步向后 Euler-Maruyama 方法和补偿分步向后 Euler-Maruyama 方法的收敛性，同时发现在步长的约束下分步向后 Euler-Maruyama 方法保存了稳定性；补偿分步向后 Euler-Maruyama 方法在比较强的条件下达到稳定性。文献[110] 研究了式（7-1）补偿随机 θ 方法的指数均方稳定性，并对标量的线性实验方程验证了当 $1/2 \le \theta \le 1$ 时，补偿随机 θ 方法在任何步长下是均方稳定的；当 $0 \le \theta \le 1/2$ 时，在一定的步长限制内，才能达到均方稳定。文献[111]同样对式（7-1）应用强、弱平衡两种数值方法，得到了在足够小的步长下，获得的条件可以产生均方稳定性，并通过数值实验说明了平衡数值方法的稳定性是优于 Euler-Maruyama 方法的。随后，文献[112]又分析了一类带 Poisson 跳线性随机微分方程强 Miltein 方法和弱 Miltein 方法的均方稳定性，这两类数值方法都能在足够小的步长下产生随机渐近稳定性。文献[113] 讨论了式（7-1）补偿分步 θ 方法的均方稳定性，并与文献[110]结论进行了比较，结果表明，补偿分步 θ 方法的稳定性要比补偿随机 θ 方法的稳定性好。

Poisson 白噪声激励下随机延迟微分方程数值解稳定性的文献还不是很多，其中，文献[114]对于一类带跳随机延迟微分，给出了 Euler-Maruyama 方法均方稳定的充分条件。文献[115]考虑了 Poisson 白噪声激励下非线性随机延迟微分方程

$$\begin{cases} \mathrm{d}x(t) = f(t, x(t), x(t - \tau))\mathrm{d}t + g(t, x(t), x(t - \tau))\mathrm{d}W(t) \\ \qquad + h(t, x(t^-), x(t^- - \tau))\mathrm{d}N(t) \\ x(t) = \varphi(t), \quad -\tau \le t \le 0 \end{cases} \tag{7-2}$$

f 在线性增长的条件下，Euler-Maruyama 方法产生的数值解可以使方程保持指数几乎处处稳定性；当换成单边 Lipschitz 条件时，向后 Euler 方法产生的数值解也同样具有稳定性。随后，文献[116]又对这类方程构建了新的补偿随机 θ 方法，与通常的随机 θ 方法相比，新建的数值方法在均方稳定性方面有比较好的预期，特别是当 $1/2 \le \theta \le 1$ 时为均方 P 稳定，这种稳定性是确定性 P 稳定的自然扩展。文献[117]研究了一类既带有 Poisson 跳又带有 Markov 转换的随机延迟微分方程，指出在全局 Lipschitz 条件下，半隐式

Euler 方法对于足够小的步长在均方意义下是指数稳定的。

这类随机系统受 Gauss 白噪声和 Poisson 白噪声的双重激励,随机因素比较复杂,通常可以应用于受随机因素较多的实际系统中。因此,研究这类随机系统的稳定性是具有深远意义的。

7.2 数学模型

首先介绍 Poisson 白噪声的相关理论知识。在文献 [118] 中,Poisson 白噪声定义为

$$W_p(t) = \sum_{k=1}^{N(t)} Y_k \delta(t - T_k)$$

式中,$N(t)$ 为 Poisson 计数过程,表示在时间段 $[0, t]$ 内发生某种事件的总数,是一个随机过程;Y_k 为第 k 个脉冲能达到的振幅;T_k 为第 k 个脉冲能达到的时间;$\delta(t)$ 为 Dirac 函数,即

$$\delta(t - T_k) = \begin{cases} 1, & t = T_k \\ 0, & t \neq T_k \end{cases}$$

类似于白噪声的形式,Poisson 白噪声也可以看作复合 Poisson 过程的形式导数,也就是

$$W_P(t) = \frac{\mathrm{d}}{\mathrm{d}t} C(t)$$

这里的 $C(t)$ 是复合 Poisson 过程。下面给出 Poisson 过程和复合 Poisson 过程的概念。

定义 7.1 如果计数过程 $N(t)$ 满足下列条件:

(ⅰ)$N(0) = 0$;

(ⅱ)$N(t)$ 是独立增量过程;

(ⅲ)$N(t)$ 是平稳增量过程;

(ⅳ)$P(N(t + \Delta t) - N(t) \geq 2) / P(N(t + \Delta t) - N(t) = 1) \to 0, \Delta t \to 0$。

则称 $N(t)$ 为 Poisson 过程。

定义 7.2 设 $\{N(t), t \geqslant 0\}$ 是强度为 λ 的 Poisson 过程，$\{Y_k, k = 1, 2, \cdots\}$ 是一列独立同分布的随机变量，且与 $\{N(t), t \geqslant 0\}$ 独立，令

$$X(t) = \sum_{k=1}^{N(t)} Y_k$$

则称 $\{X(t), t \geqslant 0\}$ 为复合 Poisson 过程。

接下来，考虑一类 Poisson 白噪声激励下的随机延迟微分方程，其一般形式表现为

$$\begin{cases} \mathrm{d}x(t) = f(t, x(t), x(t-\tau))\mathrm{d}t + g(t, x(t), x(t-\tau))\mathrm{d}W(t) \\ \qquad + h(t, x(t), x(t-\tau))\mathrm{d}N(t), \quad t \geqslant 0 \\ x(t) = \varphi(t), \quad -\tau \leqslant t \leqslant 0 \end{cases} \tag{7-3}$$

其中，$\varphi(t)$ 是初始函数且 $\varphi(t) \in C_{\mathcal{F}_0}^b([-\tau, 0]; R^n)$，$C_{\mathcal{F}_0}^b([-\tau, 0]; R^n)$ 为有界的、$\mathcal{F}_0$ 可测的 $C([-\tau, 0]; R^n)$ 值随机变量，而 $C([-\tau, 0]; R^n)$ 为 $[-\tau, 0]$ 到 R^n 上连续函数的全体。τ 为常数延迟项；$f: R_+ \times R^n \times R^n \to R^n$，$g: R_+ \times R^n \times R^n \to R^{n \times d}$；$h: R_+ \times R^n \times R^n \to R^n$；$W(t)$ 为标准的 Wiener 过程；$N(t)$ 为强度为 λ 的 Poisson 过程，并且 $W(t)$ 和 $N(t)$ 独立于 $\mathcal{F}_0$。

在 Itô 意义下定义随机积分，式（7-3）可以写为如下积分形式：

$$x(t) = \varphi(0) + \int_0^t f(s, x(s), x(s-\tau))\mathrm{d}s + \int_0^t g(s, x(s), x(s-\tau))\mathrm{d}W(s)$$
$$+ \int_0^t h(s, x(s), x(s-\tau))\mathrm{d}N(s) \tag{7-4}$$

为了保证式（7-4）解的存在性和唯一性，假设 f、g 和 h 满足一致 Lipschitz 条件与线性增长条件。

假设 7.1 （一致 Lipschitz 条件）存在一个正常数 K_1，对所有的 $x_1, x_2, y_1, y_2 \in R^n$ 和 $t \geqslant 0$ 满足

$$\left| f(t, x_1, y_1) - f(t, x_2, y_2) \right| \vee \left| g(t, x_1, y_1) - g(t, x_2, y_2) \right| \vee \left| h(t, x_1, y_1) - h(t, x_2, y_2) \right|$$
$$\leqslant K_1 \left(\left| x_1 - x_2 \right| + \left| y_1 - y_2 \right| \right)$$

假设 7.2 （线性增长条件）存在正的常数 K_2，对所有的 $x, y \in R^n$，$t \geqslant 0$，有

$$\left| f(t, x, y) \right|^2 + \left| g(t, x, y) \right|^2 + \left| h(t, x, y) \right|^2 \leqslant K_2 \left(1 + \left| x \right|^2 + \left| y \right|^2 \right)$$

假设 7.3　存在一个常数 $K_3 > 0$，有

$$E\left[\sup_{-\tau \leqslant t \leqslant 0} |\varphi(t)|^2\right] \leqslant K_3$$

定理 7.1　如果假设 7.1、假设 7.2 和假设 7.3 成立，则式（7-3）存在唯一的强解 $x(t)$。具体的证明过程可以参考文献 [121]。

7.3　Poisson 白噪声激励下线性的随机延迟微分方程

本节将研究 Poisson 白噪声激励下线性的随机延迟微分方程，首先给出方程解析解稳定的条件。

7.3.1　解析解的稳定性

考虑一类线性标量的实验数学方程，其形式如下

$$\begin{cases} dx(t) = (\alpha_1 x(t) + \alpha_2 x(t-\tau))dt + (\beta_1 x(t) + \beta_2 x(t-\tau))dW(t) \\ \quad + (\gamma_1 x(t) + \gamma_2 x(t-\tau))dN(t), \quad t \geqslant 0 \\ x(t) = \varphi(t), \quad -\tau \leqslant t \leqslant 0 \end{cases} \tag{7-5}$$

式中，系数 $\alpha_1, \alpha_2, \beta_1, \beta_2, \gamma_1, \gamma_2 \in \mathbb{R}$；$\tau$ 为正的常数延迟项；$\varphi(t)$ 为初始值函数；$W(t)$ 为标准的 Wiener 过程；$N(t)$ 为强度为 λ 的 Poisson 过程。下面讨论式（7-5）解析解均方稳定的条件。

定理 7.2　如果式（7-5）的系数 α_1、α_2、β_1、β_2、γ_1、γ_2 和 Poisson 过程强度 λ 满足如下条件：

$$\alpha_1 + |\alpha_2| + \frac{1}{2}(|\beta_1| + |\beta_2|)^2 + \lambda\gamma_1 + \lambda|\gamma_2| + \frac{1}{2}\lambda(|\gamma_1| + |\gamma_2|)^2 < 0 \tag{7-6}$$

则式（7-5）的解析解是均方稳定的。

证明： 由 Itô 公式得

$$d\,|\,x(t)|^2 = \left[2\langle x(t),\alpha_1 x(t)+\alpha_2 x(t-\tau)\rangle+\left|\beta_1 x(t)+\beta_2 x(t-\tau)\right|^2\right]dt$$
$$+\,2\langle x(t),\beta_1 x(t)+\beta_2 x(t-\tau)\rangle dW(t)$$
$$+\left[2\langle x(t),\gamma_1 x(t)+\gamma_2 x(t-\tau)\rangle+\left|\gamma_1 x(t)+\gamma_2 x(t-\tau)\right|^2\right]dN(t)$$

定义补偿 Poisson 过程

$$\tilde{N}(t)=N(t)-\lambda t$$

其为鞅，即

$$dN(t)=d\tilde{N}(t)+\lambda dt$$

代入上式中，得

$$d\,|\,x(t)|^2 = \left[2\langle x(t),\alpha_1 x(t)+\alpha_2 x(t-\tau)\rangle+\left|\beta_1 x(t)+\beta_2 x(t-\tau)\right|^2\right]dt$$
$$+\,2\langle x(t),\beta_1 x(t)+\beta_2 x(t-\tau)\rangle dW(t)$$
$$+\left[2\langle x(t),\gamma_1 x(t)+\gamma_2 x(t-\tau)\rangle+\left|\gamma_1 x(t)+\gamma_2 x(t-\tau)\right|^2\right]d\tilde{N}(t) \quad (7-7)$$
$$+\,\lambda\left[2\langle x(t),\gamma_1 x(t)+\gamma_2 x(t-\tau)\rangle+\left|\gamma_1 x(t)+\gamma_2 x(t-\tau)\right|^2\right]dt$$

式（7-7）两边在区间 $[0,\,t]$ 上积分，得

$$|x(t)|^2-|\varphi(0)|^2 = \int_0^t\left[2\langle x(u),\alpha_1 x(u)+\alpha_2 x(u-\tau)\rangle+\left|\beta_1 x(u)+\beta_2 x(u-\tau)\right|^2\right]du$$
$$+\int_0^t 2\langle x(u),\beta_1 x(u)+\beta_2 x(u-\tau)\rangle dW(u)$$
$$+\int_0^t\left[2\langle x(u),\gamma_1 x(u)+\gamma_2 x(u-\tau)\rangle+\left|\gamma_1 x(u)+\gamma_2 x(u-\tau)\right|^2\right]d\tilde{N}(u) \quad (7-8)$$
$$+\,\lambda\int_0^t\left[2\langle x(u),\gamma_1 x(u)+\gamma_2 x(u-\tau)\rangle+\left|\gamma_1 x(u)+\gamma_2 x(u-\tau)\right|^2\right]du$$

根据不等式

$$2abxy\leqslant|ab|(x^2+y^2)$$

式（7-8）可以写成

$$|x(t)|^2-|\varphi(0)|^2 \leqslant \int_0^t\left[2\alpha_1|x(u)|^2+|\alpha_2|\left(|x(u)|^2+|x(u-\tau)|^2\right)\right]du$$
$$+\int_0^t\left[\beta_1^2|x(u)|^2+\beta_2^2|x(u-\tau)|^2+|\beta_1\beta_2|\left(|x(u)|^2+|x(u-\tau)|^2\right)\right]du$$

$$\lambda \int_0^t \left[2\gamma_1 |x(u)|^2 + |\gamma_2| \left(|x(u)|^2 + |x(u-\tau)|^2 \right) \right] du$$

$$+ \lambda \int_0^t \left[\gamma_1^2 |x(u)|^2 + \gamma_2^2 |x(u-\tau)|^2 + |\gamma_1\gamma_2| \left(|x(u)|^2 + |x(u-\tau)|^2 \right) \right] du \qquad (7-9)$$

$$+ M(u)$$

这里

$$M(u) = \int_0^t 2\langle x(u), \beta_1 x(u) + \beta_2 x(u-\tau) \rangle dW(u)$$

$$+ \int_0^t \left[2\langle x(u), \gamma_1 x(u) + \gamma_2 x(u-\tau) \rangle + |\gamma_1 x(u) + \gamma_2 x(u-\tau)|^2 \right] d\tilde{N}(u)$$

由 Itô 积分性质可知

$$E[M(u)] = 0$$

故式（7-9）两边取期望

$$E|x(t)|^2 \le E|\varphi(0)|^2$$

$$+ \int_0^t \left[\left(2\alpha_1 + |\alpha_2| + \beta_1^2 + |\beta_1\beta_2| + 2\lambda\gamma_1 + \lambda|\gamma_2| + \lambda\gamma_1^2 + \lambda|\gamma_1\gamma_2| \right) E|x(u)|^2 \right] du$$

$$+ \int_0^t \left[\left(|\alpha_2| + \beta_2^2 + |\beta_1\beta_2| + \lambda|\gamma_2| + \lambda\gamma_2^2 + \lambda|\gamma_1\gamma_2| \right) E|x(u-\tau)|^2 \right] du \qquad (7-10)$$

整理得

$$E|x(t)|^2 \le E|\varphi(0)|^2$$

$$+ \left(2\alpha_1 + |\alpha_2| + \beta_1^2 + |\beta_1\beta_2| + 2\lambda\gamma_1 + \lambda|\gamma_2| + \lambda\gamma_1^2 + \lambda|\gamma_1\gamma_2| \right)$$

$$+ \left(|\alpha_2| + \beta_2^2 + |\beta_1\beta_2| + \lambda|\gamma_2| + \lambda\gamma_2^2 + \lambda|\gamma_1\gamma_2| \right) E \int_{-\tau}^{t-\tau} E|x(u)|^2 du \Big]$$

$$\le E|\varphi(0)|^2$$

$$+ \left(2\alpha_1 + 2|\alpha_2| + \left(|\beta_1| + |\beta_2| \right)^2 + 2\lambda\gamma_1 + 2\lambda|\gamma_2| + \lambda \left(|\gamma_1| + |\gamma_2| \right)^2 \right) \int_0^t E|x(u)|^2 du$$

$$(7-11)$$

如果

$$2\alpha_1 + 2|\alpha_2| + \left(|\beta_1| + |\beta_2| \right)^2 + 2\lambda\gamma_1 + 2\lambda|\gamma_2| + \lambda \left(|\gamma_1| + |\gamma_2| \right)^2 < 0$$

则有

$$\lim_{t\to\infty} E|x(t)|^2 = 0$$

即在式（7-6）条件下，Poisson 白噪声激励下线性随机延迟微分方程的解析解是均方稳定的。

注 7.1 当 $\alpha_2, \beta_2, \gamma_2 = 0$ 时，式（7-5）变成 Poisson 白噪声激励下线性随机微分方程，具体形式为

$$\begin{cases} dx(t) = \alpha_1 x(t) dt + \beta_1 x(t) dW(t) + \gamma_1 x(t) dN(t) \\ x(t) = \varphi \end{cases} \tag{7-12}$$

此时解析解的稳定条件变为

$$2\alpha_1 + \beta_1^2 + 2\lambda\gamma_1 + \lambda\gamma_1^2 < 0$$

符合文献 [124] 中给出的稳定条件。

注 7.2 当 $\gamma_1, \gamma_2 = 0$ 时，式（7-5）退化为随机延迟微分方程，其解析解的稳定条件为

$$2\alpha_1 + 2|\alpha_2| + (|\beta_1| + |\beta_2|)^2 < 0$$

符合文献 [122] 中提出的稳定性条件。

7.3.2 指数 Euler 方法的均方稳定性

在解析解均方稳定的基础上，继续讨论式（7-5）数值方法的均方稳定性。构造式（7-5）指数 Euler 方法的数值格式

令

$$Y(x(t)) = e^{-\alpha_1 t} x(t)$$

它关于 t 一阶可导、关于 x 二阶可导，即

$$Y_t(x(t)) = -\alpha_1 e^{-\alpha_1 t} x(t)$$

$$Y_x(x(t)) = e^{-\alpha_1 t}$$

$$Y_{xx}(x(t)) = 0$$

Itô 公式的展开式

$$d[Y(x(t))] = \left[-\alpha_1 e^{-\alpha_1 t} x(t) + e^{-\alpha_1 t}(\alpha_1 x(t) + \alpha_2 x(t-\tau))\right] dt$$

$$+ e^{-\alpha_1 t}\left[\beta_1 x(t) + \beta_2 x(t-\tau)\right] dW(t)$$

$$+ e^{-\alpha_1 t}\left[\gamma_1 x(t) + \gamma_2 x(t-\tau)\right] dN(t)$$

整理可得

$$d\big[Y(x(t))\big] = \big[e^{-\alpha_1 t}\alpha_2 x(t-\tau)\big]dt + e^{-\alpha_1 t}\big[\beta_1 x(t) + \beta_2 x(t-\tau)\big]dW(t)$$
$$+ e^{-\alpha_1 t}\big[\gamma_1 x(t) + \gamma_2 x(t-\tau)\big]dN(t)$$

两边在区间 $[0, t]$ 上积分

$$e^{-\alpha_1 t}x(t) = x(0)$$
$$+ \int_0^t \big[e^{-\alpha_1 s}\alpha_2 x(s-\tau)\big]ds + \int_0^t e^{-\alpha_1 s}\big[\beta_1 x(s) + \beta_2 x(s-\tau)\big]dW(s)$$
$$+ \int_0^t e^{-\alpha_1 s}\big[\gamma_1 x(s) + \gamma_2 x(s-\tau)\big]dN(s)$$

两边同时乘以 $e^{\alpha_1 t}$，上式变为

$$x(t) = e^{\alpha_1 t}x(0)$$
$$+ \int_0^t \big[e^{\alpha_1(t-s)}\alpha_2 x(s-\tau)\big]ds + \int_0^t e^{\alpha_1(t-s)}\big[\beta_1 x(s) + \beta_2 x(s-\tau)\big]dW(s)$$
$$+ \int_0^t e^{\alpha_1(t-s)}\big[\gamma_1 x(s) + \gamma_2 x(s-\tau)\big]dN(s)$$

将 $[0, t]$ 换成 $[t_n, t_{n+1}]$，于是

$$x(t_{n+1}) = e^{\alpha_1(t_{n+1}-t_n)}x(t_n) + \int_{t_n}^{t_{n+1}} \big[e^{\alpha_1(t_{n+1}-s)}\alpha_2 x(s-\tau)\big]ds$$
$$+ \int_{t_n}^{t_{n+1}} e^{\alpha_1(t_{n+1}-s)}\big[\beta_1 x(s) + \beta_2 x(s-\tau)\big]dW(s)$$
$$+ \int_{t_n}^{t_{n+1}} e^{\alpha_1(t_{n+1}-s)}\big[\gamma_1 x(s) + \gamma_2 x(s-\tau)\big]dN(s)$$

可以把 y_{n+1}、y_n 分别看作 $x(t_{n+1})$、$x(t_n)$ 的近似值，则上式可以表达式变为

$$y_{n+1} = e^{\alpha_1 h}y_n + e^{\alpha_1 h}\alpha_2 y_{n-m}h + \big(e^{\alpha_1 h}\beta_1 y_n + e^{\alpha_1 h}\beta_2 y_{n-m}\big)\Delta W_n +$$
$$+ \big(e^{\alpha_1 h}\gamma_1 y_n + e^{\alpha_1 h}\gamma_2 y_{n-m}\big)\Delta N_n$$

（7-13）

h 定义为步长，且 $h = \tau/m$，$t_n = nh$，$t_{n+1} = (n+1)h$，Wiener 过程增量 $\Delta W_n = W(t_{n+1}) - W(t_n)$ 是一列均值为 0、方差为 h 的独立 Gauss 随机变量；Poisson 过程增量 $\Delta N_n = N(t_{n+1}) - N(t_n)$ 是一列服从均值和方差都是 λh 的 Poisson 分布随机变量，λ 仍然是 Poisson 白噪声的强度。

式（7-13）被称为线性实验标量数学方程式（7-5）指数 Euler 方法的数值格式。接下来，讨论指数 Euler 方法的稳定性。首先给出数值方法均方稳定的定义。

定义 7.3 如果存在一个 h_0，对于每一个步长 $h \in (0, h_0)$，由指数 Euler 方法产生的序列 $\{y_n\}$ 满足

$$\lim_{n \to \infty} E|y_n|^2 = 0$$

则称应用于式（7-5）上的数值方法是均方稳定的。

定理 7.3 如果

$$\rho := 2\alpha_1 + 2|\alpha_2| + \left(|\beta_1| + |\beta_2|\right)^2 + 2\lambda\gamma_1 + 2\lambda|\gamma_2| + \lambda\left(|\gamma_1| + |\gamma_2|\right)^2 < 0$$

成立，当

$$h_0 = -\frac{\rho}{\left(|\alpha_2| + \lambda\left(|\gamma_1| + |\gamma_2|\right)\right)^2}$$

时，式（7-5）的数值格式［式（7-13）］是均方稳定的。

证明： 式（7-13）两边平方

$$\begin{aligned}
|y_{n+1}|^2 = &\left| e^{\alpha_1 h} y_n + e^{\alpha_1 h} \alpha_2 y_{n-m} h + \left(e^{\alpha_1 h} \beta_1 y_n + e^{\alpha_1 h} \beta_2 y_{n-m} \right) \Delta W_n \right. \\
&\left. + \left(e^{\alpha_1 h} \gamma_1 y_n + e^{\alpha_1 h} \gamma_2 y_{n-m} \right) \Delta N_n \right|^2
\end{aligned}$$

于是

$$\begin{aligned}
|y_{(n+1)}|^2 = &e^{2\alpha_1 h} |y_n + \alpha_2 h y_{n-m}|^2 + e^{2\alpha_1 h} |(\beta_1 y_n + \beta_2 y_{n-m}) \Delta W_n|^2 \\
&+ e^{2\alpha_1 h} |(\gamma_1 y_n + \gamma_2 y_{n-m}) \Delta N_n|^2 \\
&+ 2e^{2\alpha_1 h} |(y_n + \alpha_2 h y_{n-m})(\gamma_1 y_n + \gamma_2 y_{n-m}) \Delta N_n| \\
&+ 2e^{2\alpha_1 h} |(y_n + \alpha_2 h y_{n-m})(\beta_1 y_n + \beta_2 y_{n-m}) \Delta W_n| \\
&+ 2e^{2\alpha_1 h} |(\beta_1 y_n + \beta_2 y_{n-m}) \Delta W_n (\gamma_1 y_n + \gamma_2 y_{n-m}) \Delta N_n|
\end{aligned}$$

由不等式

$$2abxy \leqslant |ab|(x^2 + y^2), \quad a, b \in R$$

得

$$|y_{(n+1)}|^2 \leqslant \mathrm{e}^{2\alpha_1 h}((1+|\alpha_2|h)|y_n|^2 +(|\alpha_2|h+\alpha_2^2 h^2)|y_{n-m}|^2)$$
$$+ \mathrm{e}^{2\alpha_1 h}((\beta_1^2+|\beta_1\beta_2|)|y_n|^2 +(\beta_2^2+|\beta_1\beta_2|)|y_{n-m}|^2)|\Delta W_n|^2$$
$$+ \mathrm{e}^{2\alpha_1 h}((\gamma_1^2+|\gamma_1\gamma_2|)|y_n|^2 +(\gamma_2^2+|\gamma_1\gamma_2|)|y_{n-m}|^2)|\Delta N_n|^2$$
$$+ \mathrm{e}^{2\alpha_1 h}((2\gamma_1+|\gamma_2|+|\alpha_2\gamma_1|h)|y_n|^2)\Delta N_n \qquad (7\text{-}14)$$
$$+ \mathrm{e}^{2\alpha_1 h}((|\gamma_2|+|\alpha_2\gamma_1|h+2\alpha_2\gamma_2 h)|y_{n-m}|^2)\Delta N_n$$
$$+ 2\mathrm{e}^{2\alpha_1 h}|(y_n+\alpha_2 h y_{n-m})(\beta_1 y_n+\beta_2 y_{n-m})\Delta W_n|$$
$$+ 2\mathrm{e}^{2\alpha_1 h}|(\beta_1 y_n+\beta_2 y_{n-m})\Delta W_n(\gamma_1 y_n+\gamma_2 y_{n-m})\Delta N_n|$$

根据 Wiener 过程增量和 Poisson 过程增量的性质可知

$$\mathrm{E}(\Delta W_n)=0, \mathrm{E}[(\Delta W_n)^2]=h$$
$$\mathrm{E}(\Delta N_n)=\lambda h, \mathrm{E}[(\Delta N_n)^2]=\lambda h(1+\lambda h)$$

因为 y_n、y_{n-m} 是 $\mathcal{F}_{t_n}$ 可测的，故有

$$\begin{cases} \mathrm{E}[\Delta W_n|y_n|^2]=\mathrm{E}[|y_n|^2 \mathrm{E}(\Delta W_n|\mathcal{F}_{t_n})]=0 \\ \mathrm{E}[\Delta W_n\Delta N_n|y_n|^2]=\mathrm{E}[|y_n|^2\Delta N_n \mathrm{E}(\Delta W_n|\mathcal{F}_{t_n})]=0 \\ \mathrm{E}[\Delta W_n^2|y_n|^2]=\mathrm{E}[|y_n|^2 \mathrm{E}(\Delta W_n^2|\mathcal{F}_{t_n})]=h\mathrm{E}|y_n|^2 \qquad (7\text{-}15) \\ \mathrm{E}[\Delta N_n|y_n|^2]=\mathrm{E}[|y_n|^2 \mathrm{E}(\Delta N_n|\mathcal{F}_{t_n})]=\lambda h\mathrm{E}|y_n|^2 \\ \mathrm{E}[\Delta N_n^2|y_n|^2]=\mathrm{E}[|y_n|^2 \mathrm{E}(\Delta N_n^2|\mathcal{F}_{t_n})]=\lambda h(1+\lambda h)\mathrm{E}|y_n|^2 \end{cases}$$

同样地，y_{n-m} 也有式（7-15）的性质，将式（7-14）两边取数学期望后，结合式（7-15），有

$$\mathrm{E}|y_{(n+1)}|^2 \leqslant \mathrm{e}^{2\alpha_1 h}((1+|\alpha_2|h)\mathrm{E}|y_n|^2 +(|\alpha_2|h+\alpha_2^2 h^2)\mathrm{E}|y_{n-m}|^2)$$
$$+ \mathrm{e}^{2\alpha_1 h}((\beta_1^2+|\beta_1\beta_2|)h\mathrm{E}|y_n|^2 +(\beta_2^2+|\beta_1\beta_2|)h\mathrm{E}|y_{n-m}|^2)$$
$$+ \mathrm{e}^{2\alpha_1 h}((\gamma_1^2+|\gamma_1\gamma_2|)\lambda h(1+\lambda h)\mathrm{E}|y_n|^2)$$
$$+ \mathrm{e}^{2\alpha_1 h}((\gamma_2^2+|\gamma_1\gamma_2|)\lambda h(1+\lambda h)\mathrm{E}|y_{n-m}|^2) \qquad (7\text{-}16)$$
$$+ \mathrm{e}^{2\alpha_1 h}((2\gamma_1+|\gamma_2|+|\alpha_2\gamma_1|h)\lambda h\mathrm{E}|y_n|^2)$$
$$+ \mathrm{e}^{2\alpha_1 h}((|\gamma_2|+|\alpha_2\gamma_1|h+2\alpha_2\gamma_2 h)\lambda h\mathrm{E}|y_{n-m}|^2)$$
$$= \mathrm{e}^{2\alpha_1 h}P(\alpha_2,\beta_1,\beta_2,\gamma_1,\gamma_2,\lambda,h)\mathrm{E}|y_n|^2$$
$$+ \mathrm{e}^{2\alpha_1 h}Q(\alpha_2,\beta_1,\beta_2,\gamma_1,\gamma_2,\lambda,h)\mathrm{E}|y_{n-m}|^2$$

这里

$$P(\alpha_2,\beta_1,\beta_2,\gamma_1,\gamma_2,\lambda,h) = 1 + |\alpha_2|h + \beta_1^2 h + |\beta_1\beta_2|h + (\gamma_1^2 + |\gamma_1\gamma_2|)\lambda h(1+\lambda h)$$
$$+ (2\gamma_1 + |\gamma_2| + |\alpha_2\gamma_1|h)\lambda h$$

$$Q(\alpha_2,\beta_1,\beta_2,\gamma_1,\gamma_2,\lambda,h) = |\alpha_2|h + \alpha_2^2 h^2 + \beta_2^2 h + |\beta_1\beta_2|h + (\gamma_2^2 + |\gamma_1\gamma_2|)\lambda h(1+\lambda h)$$
$$+ (|\gamma_2| + |\alpha_2\gamma_1|h + 2\alpha_2\gamma_2 h)\lambda h$$

于是，式（7-16）可以写为

$$\mathrm{E}|y_{n+1}|^2 \le \mathrm{e}^{2\alpha_1 h}\left(P(\alpha_2,\beta_1,\beta_2,\gamma_1,\gamma_2,\lambda,h) + Q(\alpha_2,\beta_1,\beta_2,\gamma_1,\gamma_2,\lambda,h)\right)\max_{n-m\le j\le n}\mathrm{E}|y_j|^2$$

如果

$$\mathrm{e}^{2\alpha_1 h}\left(P(\alpha_2,\beta_1,\beta_2,\gamma_1,\gamma_2,\lambda,h) + Q(\alpha_2,\beta_1,\beta_2,\gamma_1,\gamma_2,\lambda,h)\right) < 1 \qquad （7-17）$$

即可证明式（7-13）是均方稳定的。

这时

$$P(\alpha_2,\beta_1,\beta_2,\gamma_1,\gamma_2,\lambda,h) + Q(\alpha_2,\beta_1,\beta_2,\gamma_1,\gamma_2,\lambda,h)$$
$$= 1 + \left(2|\alpha_2| + (|\beta_1| + |\beta_2|)^2 + 2\lambda\gamma_1 + 2\lambda|\gamma_2| + \lambda(|\gamma_1| + |\gamma_2|)^2\right)h$$
$$+ \left(|\alpha_2| + \lambda(|\gamma_1| + |\gamma_2|)^2\right)h^2$$

根据 e^x 的 Taylor 展开式 $\mathrm{e}^x > 1 + x$ 可知

$$\mathrm{e}^{2\alpha_1 h}\left(P(\alpha_2,\beta_1,\beta_2,\gamma_1,\gamma_2,\lambda,h) + Q(\alpha_2,\beta_1,\beta_2,\gamma_1,\gamma_2,\lambda,h)\right) \le \exp\left(2\alpha_1 h + m(h)\right)$$

其中，

$$m(h) = \left(|\alpha_2| + \lambda(|\gamma_1| + |\gamma_2|)^2\right)h^2$$
$$+ \left(2|\alpha_2| + (|\beta_1| + |\beta_2|)^2 + 2\lambda\gamma_1 + 2\lambda|\gamma_2| + \lambda(|\gamma_1| + |\gamma_2|)^2\right)h$$

即证明

$$\left(|\alpha_2| + \lambda(|\gamma_1| + |\gamma_2|)^2\right)h^2 \qquad\qquad\qquad （7-18）$$
$$+ \left(2\alpha_1 + 2|\alpha_2| + (|\beta_1| + |\beta_2|)^2 + 2\lambda\gamma_1 + 2\lambda|\gamma_2| + \lambda(|\gamma_1| + |\gamma_2|)^2\right)h < 0$$

令

$$h_0 = -\frac{\rho}{\left(|\alpha_2| + \lambda(|\gamma_1| + |\gamma_2|)\right)^2}$$

如果存在 $h \in (0, h_0)$，可知式（7–18）成立，同时暗示式（7–17）成立。即

$$\lim_{n \to \infty} E|y_n|^2 = 0$$

因此，当步长在一定的范围内时，指数 Euler 数值方法用于式（7–5）得到的序列 $\{y_n\}$ 在均方意义下是稳定的。

注 7.3　当 $\beta_1 = 0$, $\gamma_2 = 0$ 时，式（7–5）变成

$$\begin{cases} dx(t) = \left[\alpha_1 x(t) + \alpha_2 x(t-\tau) dt + \beta_2 x(t-\tau) \right] dW(t) + \gamma_1 x(t) dN(t) \\ x(t) = \varphi(t) \end{cases} \quad (7\text{–}19)$$

解析解稳定的条件为

$$\rho := 2\alpha_1 + 2|\alpha_2| + \beta_2^2 + 2\lambda\gamma_1 + \lambda\gamma_1^2 < 0$$

这是文献 [114] 中研究的线性实验方程和解析解稳定的条件，在文献中，作者给出了 Euler-Maruyama 数值方法均方稳定的步长限制。即 $h \in (0, h_0^1)$，当 $h_0^1 = \max\{h_1, h_2\}$ 时，Euler-Maruyama 方法是均方稳定的。其中，h_1 和 h_2 的表达式为

$$h_1 = -\frac{\rho}{\left(|\alpha_1| + |\alpha_2| + |\gamma_1|\lambda \right)^2}$$

$$h_2 = \min \left\{ \frac{1}{|\alpha_1 + \gamma_1\lambda|}, -\frac{\rho}{\left(\alpha_1 + |\alpha_2| + \gamma_1\lambda \right)^2} \right\}$$

7.4　Poisson 白噪声激励下半线性的随机延迟微分方程

在 7.3 节中，我们将指数 Euler 方法应用到 Poisson 白噪声激励下线性的随机延迟微分方程中，证实了只有在一定的步长下，数值解才能达到稳定。Poisson 白噪声激励下的随机系统是具有刚性的一类系统，当其用显示数值方法求解时，已经不能保持系统的稳定性或者要在限制的步长内才能达到稳定。为了解决刚性问题，学者们提出了半隐式和隐式数值方法。半隐式和隐式数值方法的优势是稳定性强，但是计算量较大。本节讨论的指数 Euler 方

法虽然属于显式数值方法，但有较好的稳定性。可以在对步长没有限制或者较大步长的情况下使系统达到稳定，从而避免了计算量大的弊端，又能达到半隐式和隐式数值方法的稳定性。因此，本节将要研究 Poisson 白噪声激励下随机系统补偿指数 Euler 方法的稳定性。

7.4.1 解析解的稳定性

考虑一类 Poisson 白噪声激励下一维的半线性随机延迟微分方程作为实验方程，其形式如下

$$\begin{cases} \mathrm{d}x(t) = \big(ax(t) + f(t, x(t), x(t-\tau))\big)\mathrm{d}t + g(t, x(t), x(t-\tau))\mathrm{d}W(t) \\ \qquad + \big(bx(t) + h(t, x(t), x(t-\tau))\big)\mathrm{d}N(t), \quad t \geq 0 \\ x(t) = \varphi(t), \quad -\tau \leq t \leq 0 \end{cases} \tag{7-20}$$

式中，τ 为常延迟项；$\varphi(t)$ 为初始函数值；a 和 b 为常数；$f: R_+ \times R \times R \to R$，$g: R_+ \times R \times R \to R$，$h: R_+ \times R \times R \to R$，$W(t)$、$N(t)$ 分别为 Wiener 过程和强度为 λ 的 Poisson 过程。假设 $f(t, 0, 0) = 0$，$g(t, 0, 0) = 0$，$h(t, 0, 0) = 0$，则式（7-20）存在解 $x(t) = 0$。

定义 7.4 式（7-20）的解析解是均方稳定的，如果

$$\lim_{t \to \infty} \mathrm{E}|x(t)|^2 = 0$$

定理 7.4 假设存在正常数 a_1、a_2、b_1、b_2、c_1、c_2，使对于任意的 $t \geq 0$，$X_1, X_2, Y_1, Y_2 \in R^d$，有

$$\big|f(t, X_1, Y_1) - f(t, X_2, Y_2)\big|^2 \leq a_1|X_1 - X_2|^2 + a_2|Y_1 - Y_2|^2$$
$$\big|g(t, X_1, Y_1) - g(t, X_2, Y_2)\big|^2 \leq b_1|X_1 - X_2|^2 + b_2|Y_1 - Y_2|^2 \tag{7-21}$$
$$\big|h(t, X_1, Y_1) - h(t, X_2, Y_2)\big|^2 \leq c_1|X_1 - X_2|^2 + c_2|Y_1 - Y_2|^2$$

如果

$$2a + 2\lambda b + b_1 + b_2 + 2\big(\sqrt{a_1} + \sqrt{a_2}\big)$$
$$+ \lambda\big(b^2 + c_1 + c_2 + 2\big(\sqrt{c_1} + \sqrt{c_2}\big)(b+1)\big) < 0 \tag{7-22}$$

则称式（7-20）的解析解是均方稳定的。

证明： 由 Itô 公式得

$$\mathrm{d}\,|\,x(t)\,|^2 = \Big[\big\langle 2x(t), ax(t)+f(t,x(t),x(t-\tau))\big\rangle + |\,g(t,x(t),x(t-\tau))\,|^2\mathrm{d}t\,\Big]$$
$$+\big\langle 2x(t), g(t,x(t),x(t-\tau))\big\rangle \mathrm{d}W(t)$$
$$+\Big[\big\langle 2x(t), bx(t)+h(t,x(t),x(t-\tau))\big\rangle + |\,bx(t)+h(t,x(t),x(t-\tau))\,|^2\Big]\mathrm{d}\tilde{N}(t)\Big]$$
$$+\lambda\Big[\big\langle 2x(t), bx(t)+h(t,x(t),x(t-\tau))\big\rangle + |\,bx(t)+h(t,x(t),x(t-\tau))\,|^2\Big]\Big]\mathrm{d}t$$

$$（7-23）$$

其中，$\tilde{N}(t)$是补偿 Poisson 过程。上式在区间 $[0, t]$ 上积分后取期望

$$\mathrm{E}\,|\,x(t)\,|^2 = \mathrm{E}\,|\,x(0)\,|^2$$
$$+\mathrm{E}\int_0^t\Big[2a\,|\,x(s)\,|^2 + \big\langle 2x(s), f(s,x(s),x(s-\tau))\big\rangle + |\,g(s,x(s),x(s-\tau))\,|^2\Big]\mathrm{d}s$$
$$+\lambda\mathrm{E}\int_0^t\Big[2b\,|\,x(s)\,|^2 + \big\langle 2x(s), h(s,x(s),x(s-\tau))\big\rangle\Big]\mathrm{d}s$$
$$+\lambda\mathrm{E}\int_0^t\Big[|\,bx(s)+h(s,x(s),x(s-\tau))\,|^2\Big]\mathrm{d}s$$

由式（7-21）和 Schwartz 不等式可知

$$2\big\langle x(s), f(s,x(s),x(s-\tau))\big\rangle \le 2\,|\,\big\langle x(s), f(s,x(s),x(s-\tau))\big\rangle\,|$$
$$\le 2\|x(s)\|\cdot\|f(s,x(s),x(s-\tau))\|$$
$$\le 2\sqrt{|\,x(s)\,|^2}\cdot\sqrt{|\,f(s,x(s),x(s-\tau))\,|^2} \quad （7-24）$$
$$\le 2\sqrt{|\,x(s)\,|^2}\cdot\sqrt{a_1\,|\,x(s)\,|^2 + a_2\,|\,x(s-\tau)\,|^2}$$
$$\le (2\sqrt{a_1}+\sqrt{a_2})\,|\,x(s)\,|^2 + \sqrt{a_2}\,|\,x(s-\tau)\,|^2$$

同理

$$2\big\langle x(s), h(s,x(s),x(s-\tau))\big\rangle \le \big(2\sqrt{c_1}+\sqrt{c_2}\big)\,|\,x(s)\,|^2 + \sqrt{c_2}\,|\,x(s-\tau)\,|^2 \quad （7-25）$$

此外，

$$\big|\,g(s,x(s),x(s-\tau))\,\big|^2 \le b_1\,\big|\,x(s)\,\big|^2 + b_2\,\big|\,x(s-\tau)\,\big|^2$$
$$\big|\,h(s,x(s),x(s-\tau))\,\big|^2 \le c_1\,\big|\,x(s)\,\big|^2 + c_2\,\big|\,x(s-\tau)\,\big|^2$$

$$（7-26）$$

和

$$\left|bx(s)+h\big(s,x(s),x(s-\tau)\big)\right|^2$$

$$=b^2\left|x(s)\right|^2+2b\big\langle x(s),h\big(s,x(s),x(s-\tau)\big)\big\rangle+\left|h\big(s,x(s),x(s-\tau)\big)\right|^2 \quad (7-27)$$

$$\leqslant\left(b^2+2b\sqrt{c_1}+b\sqrt{c_2}+c_1\right)\left|x(s)\right|^2+\left(b\sqrt{c_2}+c_2\right)\left|x(s-\tau)\right|^2$$

将式（7-24）～式（7-27）代入式（7-23）中，得

$$\mathrm{E}\left|x(t)\right|^2\leqslant\mathrm{E}\left|x(0)\right|^2$$

$$+\int_0^t\left(2a+2\sqrt{a_1}+\sqrt{a_2}+b_1\right)\mathrm{E}\left|x(s)\right|^2+\left(\sqrt{a_2}+b_2\right)\mathrm{E}\left|x(s-\tau)\right|^2\mathrm{d}s$$

$$+\lambda\int_0^t\left(b^2+2b+c_1+\left(2\sqrt{c_1}+\sqrt{c_2}\right)(b+1)\right)\mathrm{E}\left|x(s)\right|^2\mathrm{d}s$$

$$+\lambda\int_0^t\left(c_2+\sqrt{c_2}(b+1)\right)\mathrm{E}\left|x(s-\tau)\right|^2\mathrm{d}s$$

于是

$$\mathrm{E}|x(t)|^2\leqslant\mathrm{E}|x(0)|^2$$

$$+\int_0^t\left(2a+2\sqrt{a_1}+\sqrt{a_2}+b_1+b^2+2b+c_1+\left(2\sqrt{c_1}+\sqrt{c_2}\right)(b+1)\right)\mathrm{E}|x(s)|^2\mathrm{d}s$$

$$+\int_0^t\left(\sqrt{a_2}+b_2+c_2+\sqrt{c_2}(b+1)\right)\mathrm{E}|x(s-\tau)|^2\mathrm{d}s$$

也就是

$$\mathrm{E}|x(t)|^2\leqslant\mathrm{E}|x(0)|^2+\bigg[2a+2\lambda b+b_1+b_2+2\left(\sqrt{a_1}+\sqrt{a_2}\right)$$

$$+\lambda\left(b^2+c_1+c_2+2\left(\sqrt{c_1}+\sqrt{c_2}\right)(b+1)\right)\bigg]\max_{s-\tau\leqslant u\leqslant s}\mathrm{E}\int_0^t|x(u)|^2\mathrm{d}u$$

如果

$$2a+2\lambda b+b_1+b_2+2\left(\sqrt{a_1}+\sqrt{a_2}\right)$$

$$+\lambda\left(b^2+c_1+c_2+2\left(\sqrt{c_1}+\sqrt{c_2}\right)(b+1)\right)<0$$

则有

$$\lim_{t\to\infty}\mathrm{E}|x(t)|^2=0$$

则可说明定理成立。

7.4.2 补偿指数 Euler 方法的均方稳定性

构建补偿指数 Euler 数值方法，再次定义补偿 Poisson 过程

$$\tilde{N}(t) = N(t) - \lambda t$$

同样它是一个鞅。将 $\mathrm{d}N(t) = \mathrm{d}\tilde{N}(t) + \lambda\mathrm{d}t$ 代入式（7-20）中

$$\mathrm{d}x(t) = (ax(t) + f(t, x(t), x(t-\tau)))\mathrm{d}t + g(t, x(t), x(t-\tau))\,\mathrm{d}W(t)$$
$$+ (bx(t) + h(t, x(t), x(t-\tau)))(\mathrm{d}\tilde{N}(t) + \lambda\mathrm{d}t)$$
$$+ [(a+b\lambda)x(t) + f(t, x(t), x(t-\tau)) + \lambda h(t, x(t), x(t-\tau))]\mathrm{d}t$$
$$+ g(t, x(t), x(t-\tau))\mathrm{d}W(t) + (bx(t) + h(t, x(t), x(t-\tau)))\mathrm{d}\tilde{N}(t)$$

令

$$f_\lambda\big(t, x(t), x(t-\tau)\big) = f\big(t, x(t), x(t-\tau)\big) + \lambda h\big(t, x(t), x(t-\tau)\big)$$

式（7-20）变为

$$
\begin{cases}
\mathrm{d}x(t) = \Big[(a+b\lambda)x(t) + f_\lambda\big(t, x(t), x(t-\tau)\big)\Big]\mathrm{d}t + g\big(t, x(t), x(t-\tau)\big)\mathrm{d}W(t) \\
\qquad + \big(bx(t) + h(t, x(t), x(t-\tau))\big)\mathrm{d}\tilde{N}(t), \quad t \geqslant 0 \\
x(t) = \varphi(t), \quad -\tau \leqslant t \leqslant 0
\end{cases}
\tag{7-28}
$$

将指数 Euler 方法式（7-13）应用到式（7-28）中得到补偿指数 Euler 数值方法，其数值格式为

$$y_{n+1} = \mathrm{e}^{(a+b\lambda)h}y_n + \mathrm{e}^{(a+b\lambda)h}f_\lambda(t_n, y_n, y_{n-m})h + \mathrm{e}^{(a+b\lambda)h}g(t_n, y_n, y_{n-m})\Delta W_n$$
$$+ \mathrm{e}^{(a+b\lambda)h}(bx_n + h(t_n, y_n, y_{n-m}))\Delta\tilde{N}_n
\tag{7-29}$$

其中，$\Delta\tilde{N}_n = N(t_{n+1}) - \tilde{N}(t_n)$ 是补偿 Poisson 过程增量。下面将讨论补偿指数 Euler 方法的稳定性。

定义 7.5 任给的步长 $h > 0$，如果对于式（7-28），由补偿指数 Euler 方法产生的数值解满足

$$\lim_{n\to\infty}\mathrm{E}\,|\,y_n\,|^2 = 0$$

则称数值方式（7-29）是全局均方稳定的。

定理 7.5 在条件式（7-21）和式（7-22）成立的情况下，任给的步长 $h > 0$ 时，补偿指数 Euler 数值方法是全局均方稳定的。

证明： 由式（7-29）得

$$|y_{n+1}|^2 = e^{2(a+b\lambda)h}\left[|y_n|^2 + |f_\lambda(t_n, y_n, y_{n-m})|^2 h^2 + |g(t_n, y_n, y_{n-m})\Delta W_n|^2\right]$$
$$+ e^{2(a+b\lambda)h}\left[|(by_n + h(t_n, y_n, y_{n-m}))\Delta\tilde{N}_n|^2\right] \tag{7-30}$$
$$+ 2e^{2(a+b\lambda)h}\langle y_n, f_\lambda(t_n, y_n, y_{n-m})h\rangle + M_n$$

其中，

$$M_n = 2e^{2(a+b\lambda)h}\langle y_n, g(t_n, y_n, y_{n-m})\Delta W_n\rangle$$
$$+ 2e^{2(a+b\lambda)h}\langle y_n, h(t_n, y_n, y_{n-m})\Delta\tilde{N}_n\rangle$$
$$+ 2e^{2(a+b\lambda)h}\langle f_\lambda(t_n, y_n, y_{n-m})h, g(t_n, y_n, y_{n-m})\Delta W_n\rangle$$
$$+ 2e^{2(a+b\lambda)h}\langle f_\lambda(t_n, y_n, y_{n-m})h, h(t_n, y_n, y_{n-m})\Delta\tilde{N}_n\rangle$$
$$+ 2e^{2(a+b\lambda)h}\langle g(t_n, y_n, y_{(n-m)})\Delta W_n, h(t_n, y_n, y_{n-m})\Delta\tilde{N}_n\rangle$$

由条件式（7-21）得

$$|f_\lambda(t_n, y_n, y_{n-m})|^2 = |f(t_n, y_n, y_{n-m}) + \lambda h(t_n, y_n, y_{n-m})|^2$$
$$\leq 2(a_1|y_n|^2 + a_2|y_{n-m}|^2 + \lambda^2(c_1|y_n|^2 + c_2|y_{n-m}|^2)) \tag{7-31}$$
$$= 2(a_1 + \lambda^2 c_1)|y_n|^2 + 2(a_2 + \lambda^2 c_2)|y_{n-m}|^2$$

$$2\langle y_n, f_\lambda(t_n, y_n, y_{n-m})\rangle = 2\langle y_n, f(t_n, y_n, y_{n-m})\rangle + 2\langle y_n, \lambda h(t_n, y_n, y_{n-m})\rangle$$
$$\leq \left(2\sqrt{a_1} + \sqrt{a_2}\right)|y_n|^2 + \sqrt{a_2}|y_{n-m}|^2$$
$$+ \lambda\left(2\sqrt{c_1} + \sqrt{c_2}\right)|y_n|^2 + \lambda\sqrt{c_2}|y_{n-m}|^2$$
$$= \left(2\sqrt{a_1} + \sqrt{a_2} + \lambda\left(2\sqrt{c_1} + \sqrt{c_2}\right)\right)|y_n|^2$$
$$+ \left(\sqrt{a_2} + \lambda\sqrt{c_2}\right)|y_{n-m}|^2$$

$$|by_n + h(t_n, y_n, y_{n-m})|^2 \leq b^2|y_n|^2 + c_1|y_n|^2 + c_2|y_{n-m}|^2$$
$$+ b\left(\left(2\sqrt{c_1} + \sqrt{c_2}\right)|y_n|^2 + \sqrt{c_2}|y_{n-m}|^2\right)$$
$$= \left(b^2 + c_1 + b\left(2\sqrt{c_1} + \sqrt{c_2}\right)\right)|y_n|^2$$
$$+ \left(b\sqrt{c_2} + c_2\right)|y_{n-m}|^2 \tag{7-32}$$

将式（7-31）、式（7-32）代入式（7-30），同时取数学期望

$$\mathrm{E}\,|\,y_{n+1}\,|^2 \leqslant \mathrm{e}^{2(a+b\lambda)h}\left(\mathrm{E}\,|\,y_n\,|^2 +2\left(a_1+\lambda^2 c_1\right)h^2\mathrm{E}\,|\,y_n\,|^2 +2\left(a_2+\lambda^2 c_2\right)h^2\mathrm{E}\,|\,y_{n-m}\,|^2\right)$$

$$+\,\mathrm{e}^{2(a+b\lambda)h}\left(\left(b^2+c_1+2b\sqrt{c_1}+b\sqrt{c_2}\right)\lambda h\mathrm{E}\,|\,y_n\,|^2 +\left(b\sqrt{c_2}+c_2\right)\lambda h\mathrm{E}\,|\,y_{n-m}\,|^2\right)$$

$$+\,\mathrm{e}^{2(a+b\lambda)h}\left(2\sqrt{a_1}+\sqrt{a_2}+2\lambda\sqrt{c_1}+\lambda\sqrt{c_2}\right)h\mathrm{E}\,|\,y_n\,|^2 \qquad（7\text{-}33）$$

$$+\,\mathrm{e}^{2(a+b\lambda)h}\left(\left(\sqrt{a_2}+\lambda\sqrt{c_2}\right)h\mathrm{E}\,|\,y_{n-m}\,|^2\right)$$

$$+\,\mathrm{e}^{2(a+b\lambda)h}\left(b_1h\mathrm{E}\,|\,y_n\,|^2 +b_2h\mathrm{E}\,|\,y_{n-m}\,|^2\right)$$

这里

$$\mathrm{E}\left(\Delta W_n\right)=0,\qquad \mathrm{E}\left(\Delta \tilde{N}_n\right)=0,$$

$$\mathrm{E}\left(\left|\Delta W_n\right|^2\right)=h,\qquad \mathrm{E}\left(\left|\Delta \tilde{N}_n\right|^2\right)=\lambda h$$

整理式（7-33）

$$\mathrm{E}\,|\,y_{n+1}\,|^2 \leqslant \mathrm{e}^{2(a+b\lambda)h}\left[1+2(a_1+\lambda^2 c_1)h^2+(b^2+c_1+2b\sqrt{c_1}+b\sqrt{c_2})\lambda h\right]\mathrm{E}\,|\,y_n\,|^2$$

$$+\,\mathrm{e}^{2(a+b\lambda)h}\left[\left(2\sqrt{a_1}+\sqrt{a_2}+2\lambda\sqrt{c_1}+\lambda\sqrt{c_2}\right)h+b_1h\right]\mathrm{E}\,|\,y_n\,|^2$$

$$+\,\mathrm{e}^{2(a+b\lambda)h}\left[2\left(a_2+\lambda^2 c_2\right)h^2+\left(b\sqrt{c_2}+c_2\right)\lambda h+\left(\sqrt{a_2}+\lambda\sqrt{c_2}\right)h+b_2h\right]\mathrm{E}\,|\,y_{n-m}\,|^2$$

$$=\mathrm{e}^{2(a+b\lambda)h}A\,\mathrm{E}\,|\,y_n\,|^2 +\mathrm{e}^{2(a+b\lambda)h}B\,\mathrm{E}\,|\,y_{n-m}\,|^2 \qquad（7\text{-}34）$$

其中，

$$A=1+b_1h+2\left(a_1+\lambda^2 c_1\right)h^2+\left(b^2+c_1+2b\sqrt{c_1}+b\sqrt{c_2}\right)\lambda h$$

$$+\left(2\sqrt{a_1}+\sqrt{a_2}+2\lambda\sqrt{c_1}+\lambda\sqrt{c_2}\right)h$$

$$B=b_2h+2\left(a_2+\lambda^2 c_2\right)h^2+\left(b\sqrt{c_2}+c_2\right)\lambda h+\left(\sqrt{a_2}+\lambda\sqrt{c_2}\right)h$$

式（7-34）可以表示为

$$\mathrm{E}\,\big|\,y_{n+1}\,\big|^2 \leqslant \mathrm{e}^{2(a+b\lambda)h}\left(A+B\right)\max\left\{\mathrm{E}\,\big|\,y_n\,\big|^2,\mathrm{E}\,\big|\,y_{n-m}\,\big|^2\right\}$$

这时

$$A + B = 1 + \left[b_1 + b_2 + 2\left(\sqrt{a_1} + \sqrt{a_2} \right) \right] h$$

$$+ \left[\lambda \left(b^2 + c_1 + c_2 + 2\left(\sqrt{c_1} + \sqrt{c_2} \right)(b+1) \right) \right] h$$

$$+ \left[2\left(a_1 + \lambda^2 c_1 \right) + 2\left(a_2 + \lambda^2 c_2 \right) \right] h^2$$

$$= 1 + \mu(h)$$

很容易知道 $1 + \mu(h) < \mathrm{e}^{\mu(h)}$，故

$$\mathrm{E}\left| y_{n+1} \right|^2 \le \exp\left(2(a + b\lambda)h + \mu(h) \right) \max\left\{ \mathrm{E}\left| y_n \right|^2, \mathrm{E}\left| y_{n-m} \right|^2 \right\}$$

如果对于任给的步长 $h > 0$，有 $2(a + b\lambda)h + \mu(h) < 0$，即证明定理 7.5 成立。

$$2(a + b\lambda)h + \mu(h) = \left[2a + 2\lambda b + b_1 + b_2 + 2\left(\sqrt{a_1} + \sqrt{a_2} \right) \right] h$$

$$+ \left[\lambda \left(b^2 + c_1 + c_2 + 2\left(\sqrt{c_1} + \sqrt{c_2} \right)(b+1) \right) \right] h$$

$$+ 2\left(a_1 + a_2 + \lambda^2 (c_1 + c_2) \right) h^2$$

由条件式（7-22）可知

$$2a + 2\lambda b + b_1 + b_2 + 2\left(\sqrt{a_1} + \sqrt{a_2} \right)$$

$$+ \lambda \left(b^2 + c_1 + c_2 + 2\left(\sqrt{c_1} + \sqrt{c_2} \right)(b+1) \right) < 0$$

并且

$$\frac{1}{2}\left(2\left(\sqrt{a_1} + \sqrt{a_2} \right) + 2\lambda \left(\sqrt{c_1} + \sqrt{c_2} \right) \right)^2$$

$$= 2\left(\left(\sqrt{a_1} + \sqrt{a_2} \right) + \lambda \left(\sqrt{c_1} + \sqrt{c_2} \right) \right)^2$$

$$= 2\left(a_1 + a_2 + \lambda^2 (c_1 + c_2) \right) + 4\lambda \left(\sqrt{a_1} + \sqrt{a_2} \right)\left(\sqrt{c_1} + \sqrt{c_2} \right)$$

$$\ge 2\left(a_1 + a_2 + \lambda^2 (c_1 + c_2) \right)$$

因此有

$$\exp\left(2(a + b\lambda)h + \mu(h) \right) < 1$$

即

$$\lim_{n \to \infty} \mathrm{E}\left| y_n \right|^2 = 0$$

证明了补偿指数 Euler 方法在对步长没有限制的情况下产生均方稳定性，同时也说明了补偿指数 Euler 数值方法有较好的稳定性质。

7.5 数值算例

考虑如下形式的线性实验方程，验证当方程的系数和 Poisson 白噪声的强度 λ 满足解析解稳定的条件时，在合适的步长下，指数 Euler 方法是均方稳定的。

$$
\begin{aligned}
\mathrm{d}x(t) = {} & \big[\alpha_1 x(t) + \alpha_2 x(t-1)\big]\mathrm{d}t + \big[\beta_1 x(t) + \beta_2 x(t-1)\big]\mathrm{d}W(t) \\
& + \big[\gamma_1 x(t) + \gamma_2 x(t-1)\big]\mathrm{d}N(t), \quad t \geqslant 0
\end{aligned} \tag{7-35}
$$

情况 1　考虑步长对数值解的稳定性影响。选取一组系数 $\alpha_1 = -9$, $\alpha_2 = 3$, $\beta_1 = 1$, $\beta_2 = 1$, $\gamma_1 = 0.1$, $\gamma_2 = 0.1$ 和 $\lambda = 10$，有

$$
\begin{aligned}
& \alpha_1 + |\alpha_2| + \frac{1}{2}\big(|\beta_1| + |\beta_2|\big)^2 + \lambda\gamma_1 + \lambda|\gamma_2| + \frac{1}{2}\lambda\big(|\gamma_1| + |\gamma_2|\big)^2 \\
& = -9 + 3 + 2 + 1 + 1 + 0.2 < 0
\end{aligned}
$$

成立，满足解析解的稳定性条件，由定理 7.3 可知 $h_0 = 0.072$，计算机仿真得出当步长 $h = 0.05 \in (0, h_0)$ 和 $h = 0.1 \notin (0, h_0)$ 时的图形，如图 7-1 所示。图 7-1（a）中的曲线在初始的一小段时间里发生波动后，随着 t 的变化而平稳地趋于 0，说明式（7-35）是均方稳定的；图 7-1（b）随着 t 的变化逐渐变大，表明方程呈现不稳定状态，从而验证了定理 7.3 的准确性。

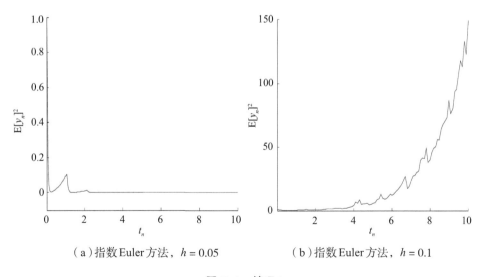

（a）指数 Euler 方法，$h = 0.05$　　　（b）指数 Euler 方法，$h = 0.1$

图 7-1　情况 1

情况2 考虑 Poisson 白噪声激励项系数对数值解的稳定性影响，由于方程本身带有延迟项。因此，考察参数 γ_2 对式（7-35）稳定性状态的影响。选取两组的参数值 $\alpha_1=-9$，$\alpha_2=3$，$\beta_1=1$，$\beta_2=1$，$\gamma_1=0.1$，$\gamma_2=-0.1$，$\lambda=10$ 和 $\alpha_1=-9$，$\alpha_2=3$，$\beta_1=1$，$\beta_2=1$，$\gamma_1=0.1$，$\gamma_2=-0.2$，$\lambda=10$，很容易计算出这两组参数满足方程解析解的稳定性条件。当固定步长 $h=0.1$ 时，两组参数的数值模拟结果如图 7-2 所示。从图中可以看出，表示数值解均方的曲线是趋于 0 的，证明了数值解是均方稳定的。通过比较可知，γ_2 的值越小，对稳定性的干扰越小，也就是说系统达到稳定性状态所需的时间越短。因此，Poisson 白噪声激励下的随机系统中延迟项对数值解稳定性是有一定影响的。

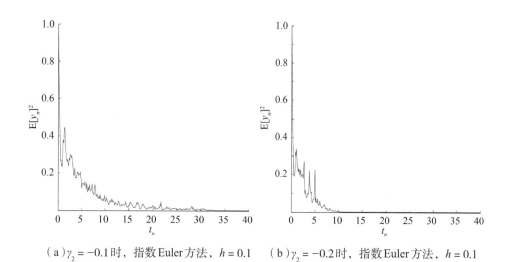

（a）$\gamma_2=-0.1$ 时，指数 Euler 方法，$h=0.1$　（b）$\gamma_2=-0.2$ 时，指数 Euler 方法，$h=0.1$

图 7-2　情况2

情况3 考虑一组系数 $\alpha_1=1$，$\alpha_2=1$，$\beta_1=0.5$，$\beta_2=0.5$，$\gamma_1=-1$，$\gamma_2=0.1$ 和 $\lambda=10$，这组系数是文献[124]数值实验方程中取的一组值，在该文献中，作者模拟出当 $\theta=0.8$ 时，随机 θ 数值方法在步长 $h=0.625$ 时是均方稳定的，超过这个步长后，方法将不稳定。图 7-3 是步长 $h=0.625$ 和 $h=0.8$ 时，指数 Euler 方法稳定性的数值模拟。从图中可以看出，在这两个步长下，数值解最终都能到达稳定的状态。说明指数 Euler 方法作为一种显示数值方法，却能够得到半隐式数值方法达到的稳定性状态。

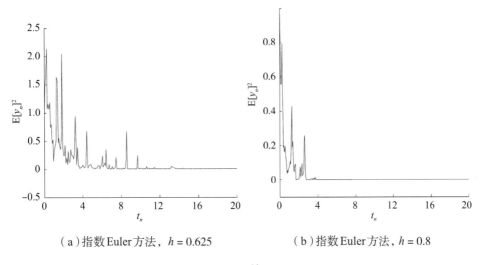

（a）指数 Euler 方法，$h = 0.625$　　　　（b）指数 Euler 方法，$h = 0.8$

图 7-3　情况 3

7.6　本章小结

本章研究了一类 Poisson 白噪声激励下随机系统的稳定性。首先，对于线性实验方程，给出了解析解均方稳定的充分条件和线性实验方程指数 Euler 方法的数值格式，证实了方程的数值解只有在一定的步长限制内才能保持稳定性，超过了限制范围，则是不稳定的。其次，构造了一类 Poisson 白噪声激励下半线性的随机延迟微分方程，针对这类方程，提出了补偿指数 Euler 方法，并证实了补偿指数 Euler 方法产生的数值解在步长没有限制的条件下可以达到均方稳定。最后，通过数值仿真实验，验证了所得结论的正确性。

第8章　Gauss 白噪声激励下随机系统的稳定性研究

在本章中，我们将介绍另外一种随机系统的稳定性分析。在非线性科学发展的时期，混沌理论作为非线性科学重要的成就之一，与相对论、量子力学成为物理学的三次重大革命。混沌是非线性动力学系统独有的一种运动形式，是架起确定论和概率论这两大科学体系的桥梁，并广泛地应用于各种学科领域。随着对混沌理论和应用的不断深入研究，人们对混沌的认识有所改变，并逐渐认识到混沌的重要作用。我们对具有混沌特征的随机系统进行稳定性分析，无论在理论上还是实际应用中都具有非常重大的意义。

8.1 引言

众所周知，噪声普遍存在于自然和社会生活中，随机噪声的干扰使确定性的系统发生了变化。通常情况下，人们认为噪声的干扰会破坏系统的稳定性，但噪声不是对任何事物都是有害的，相对于一些系统，噪声的加入有时候是有益的。它可以改变系统的动力学行为，使不稳定的系统稳定化。因此，研究噪声对系统的影响是十分必要的，具有一定的发展前景和空间。

随着混沌控制的不断发展，在一些实际的问题中，人们发现确定性的动力系统常常受随机激励的影响，也就是小噪声的扰动，随着随机混沌控制这一方法的提出，利用随机激励对系统进行混沌控制已经受到各界的广泛关注。噪声在实际工程中广泛存在，因此，研究噪声对系统扰动产生的影响，不论在理论上还是在实际的应用中都具有普遍的意义。

Ramesh 和 Narayan 通过 MLC 电路，讨论了在服从均匀分布噪声的背景下系统的稳定性。

MLC 电路的数学模型为

$$\begin{cases} C\dfrac{\mathrm{d}\upsilon}{\mathrm{d}t} = i_L - g(\upsilon) \\[2mm] L\dfrac{\mathrm{d}i_L}{\mathrm{d}t} = -Ri_L - \upsilon + f\sin(\Omega t) \end{cases}$$

式中，C 为线性电容器；L 为线性电感元件；R 为线性电阻；f 为振幅；Ω 为外界周期信号的频率；i_L、υ 分别为通过电感的电流和电压；$g(\upsilon)$ 可表示为

$$g(\upsilon) = G_b\upsilon + 0.5(G_a - G_b)\left(\left|\upsilon + B_p\right| - \left|\upsilon - B_p\right|\right)$$

式中，G_a，G_b，B_p 都是常数。上式的无量纲形式为

$$\begin{cases} \dot{x} = y - g(x) \\ \dot{y} = -\sigma y - \beta x + F\sin(\omega t) \end{cases}$$

其中

$$g(x) = bx + 0.5(a - b)\big[\left|x+1\right| - \left|x-1\right|\big]$$

当参数 $a = -0.55$，$b = -1.02$，$\sigma = 1.015$，$\omega = 0.75$，$F = 0.15$ 时，系统出现混沌现象。

若上述方程加入固定偏差、随机噪声，系统方程变为

$$\begin{cases} \dot{x} = y - g(x) \\ \dot{y} = -\sigma y - \beta x + F\sin(\omega t) + E + \varepsilon\eta \end{cases}$$

式中，$g(x) = bx + 0.5(a - b)\big[\left|x+1\right| - \left|x-1\right|\big]$；$E$ 为固定偏差，当 $E \geqslant 0.023$ 时，出现周期行为。

若方程加以弱周期力、随机噪声，系统方程变为

$$\begin{cases} \dot{x} = y - g(x) \\ \dot{y} = -\sigma y - \beta x + F\sin(\omega t) + F_2\sin(\omega_2 t) + \varepsilon\eta \end{cases}$$

式中，$g(x) = bx + 0.5(a - b)\big[\left|x+1\right| - \left|x-1\right|\big]$；$F_2\sin(\omega_2 t)$ 为弱的周期力；$\varepsilon\eta$ 为随机噪声。

Wei 和 Leng 研究了在白噪声背景下，Duffing 系统的动力学行为，在白噪声扰动下的动力学方程为

$$\ddot{x} - x + x^3 + b\dot{x} = r\cos(\omega t) + \sigma\eta(t)$$

式中，$\eta(t)$ 为白噪声；σ 为噪声强度。

随后，Liu 等研究了在有界噪声背景下 Duffing 系统的混沌控制，系统的

运动方程为

$$\ddot{x} + \beta\dot{x} - \left[1 + \xi(t)\right]x + \alpha x^3 = 0$$

式中，$\xi(t)$ 为有界噪声，且有 $\xi(t) = \mu\sin(\Omega t + \psi)$，$\psi = \sigma B(t) + \Gamma$，其中，$\mu$，$\Omega$，$\sigma$ 都为正数，$B(t)$ 为 Wiener 过程，Γ 为随机变量。

Hu 和 Qu 等通过对 Duffing 系统的研究，发现了利用随机相位可以控制混沌系统，加入弱谐和激励的 Duffing 方程为

$$\begin{cases} \dot{x} = y \\ \dot{y} = -ry - x^3 + B\cos(\Omega t) + \alpha B\cos(\omega t + \Phi) \end{cases}$$

式中，Φ 为随机相位；$\alpha B\cos(\Omega t + \Phi)$ 为弱谐和激励。通过改变相位 Φ，可以使不稳定的系统稳定化。

由于混沌系统的奇异性和复杂性，各个领域的学者对混沌有着不同的定义。所以，混沌没有一个统一的定义，下面我们将介绍两种影响广泛的混沌定义。

Li-Yorke 在一篇《周期 3 意味着混沌》的文章中首次提出混沌这个概念，并给出了混沌的数学定义：

把区间 $[a, b]$ 映为自身的、连续的、单参数映射

$$f:[a,b] \times R \to [a,b], (x,\lambda) \to f(x,\lambda), \quad x \in R$$

如果满足：

（i）周期没有上界；

（ii）$\exists M \subset [a,b]$。

a. 对 $\forall X, Y \in M$，有

$$\liminf_{n\to\infty}\left|f^n(X) - f^n(Y)\right| = 0$$

b. 对 $\forall X, Y \in M$，$X \neq Y$，有

$$\limsup_{n\to\infty}\left|f^n(X) - f^n(Y)\right| > 0$$

c. 对 $\forall X \in M$ 和 f 的周期点 Y，有

$$\limsup_{n\to\infty}\left|f^n(X) - f^n(Y)\right| > 0$$

则称 $f:[a,b] \times R \to [a,b], (x,\lambda) \to f(x,\lambda), x \in R$ 是混沌的。

Li-Yorke是从区间映射的角度对混沌进行定义的，下面我们将从拓扑的角度介绍混沌的另一种定义。

设 f 是度量空间 U 上的映射，称 $f:U \to U$ 是混沌的，其若满足：

（i）对初值的敏感依赖性，$\exists \sigma > 0$，对 $\forall \varepsilon > 0$，$\exists x \in U$，在 x 的 ε 邻域 V 内存在 y 和自然数 n，使得 $d(f^n(x), f^n(y)) > \sigma$。这意味着，不论 x 和 y 距离多近，在 f 的 n 次作用下，距离 d 都会大于 σ。

（ii）拓扑传递性，对 U 上的任意开集 X、Y，存在 $k > 0$，$f^k(X) \cap Y \neq \Phi$。这表明任一点的领域在 f 的 k 次作用下将遍历整个度量空间 U。

（iii）周期点在 U 中稠密。

混沌系统的判别有多种方法，下面介绍四种常用的方法。

（1）系统的相轨迹

相空间中，在一定区域内，当轨迹为永不封闭的曲线时，系统运动是混沌的；当轨迹为封闭的曲线时，系统运动是周期的。

（2）Poincaré 截面

19世纪末，在混沌系统的研究过程中，提出了一种新的判别方法即 Poincaré 截面判别法，此方法是在相空间取一个 $N-1$ 维的超平面，通常情况下，它会通过一个不稳定的不动点，这个超平面就称为 Poincaré 截面。当轨道通过 Poincaré 截面时，将相应的交点记录下来，第 $n+1$ 次交点 x_{n+1} 与第 n 次交点 x_n 之间存在 $x_{n+1} = f(x_n)$ 这样的关系，这些交点设为 $P_0, P_1, P_2, \cdots, P_n$ 点，这些离散点形成了一个 Poincaré 映射

$$P_{k+1} = T(P_k) = T(T(P_{k-1})) = T^2(P_{k-1}) = \cdots = T^{k+1}(P_0)$$

这样，就可以把原动力系统所决定的连续运动转变成在 Poincaré 截面上的一个离散映射。对于研究过程来说方便了很多，而且仍然保持原来连续动力系统的拓扑性质。

（3）Lyapunov 指数

对于连续系统来说，一个简单的自治系统为

$$\frac{\mathrm{d}x}{\mathrm{d}t} = f(x), \quad x \in R^n$$

在相空间中，经过 x_0 的流形成一个轨道 $x(t)$，如果初始条件 x_0 存在一偏差，记为 Δx_0，则由 $x_0 + \Delta x_0$ 出发可以形成一条新的轨道，它们可以形成一个切空间向量 $\Delta x(x_0, t)$，欧式模定义为 $\|\Delta x(x_0, t)\|$。令 $\omega(x_0, t) = \Delta x(x_0, t)$，满足

$$\frac{\mathrm{d}\omega}{\mathrm{d}t} = M(x, t)\omega$$

其中

$$M = \frac{\partial f}{\partial x}$$

则 n 维的 Lyapunov 指数定义为

$$\lambda = \lim_{t \to \infty} \frac{1}{t} \ln \frac{\|\Delta x(x_0, t)\|}{\|\Delta x(x_0, 0)\|}, \quad \|\Delta x(x_0, 0)\| \to 0$$

对于离散系统来说，一个简单离散系统 (X, f)，设 x_0 为初始值，$\{x_n\}$ 为系统的特定轨道，则 y_0 随 t 变化的具体形式为

$$y_{n+1} = Df(x_n) y_n$$

因此，在初始值 x_0 下，沿着 $\dfrac{y_0}{|y_0|}$ 方向的 Lyapunov 指数为

$$\lambda = \lim_{t \to \infty} \frac{1}{t} \ln \left(\frac{|y_n|}{|y_0|} \right)$$

计算系统的 Lyapunov 指数，判别系统的标准是：若指数值 λ 为正数，则系统运动是混沌的；若指数值 λ 为负数，则系统运动是周期的。

（4）功率谱分析法

功率谱分析实际上是对 Fourier 变化的分析，对于周期运动信号 $x(t)$，它的周期为 T，展开 Fourier 级数为

$$x(t) = \sum_{n=-\infty}^{\infty} c_n \mathrm{e}^{in\omega_0 t}$$

其中

$$c_n = \frac{1}{T} \int_{-\frac{T}{2}}^{\frac{T}{2}} x(t) \mathrm{e}^{-in\omega_0 t} \mathrm{d}t$$

式中，$\omega_0 = \dfrac{2\pi}{T}$ 为基频；$n\omega_0$ 为一系列泛谐振。

对于任意非周期运动的信号 $x(t)$，若满足绝对可积条件

$$\int_{-\infty}^{\infty} |x(t)| dt < \infty$$

则可以展开 Fourier 积分

$$x(t) = \frac{1}{2\pi} \int_{-\infty}^{\infty} X(\omega) e^{i\omega t} d\omega$$

$$X(\omega) = \frac{1}{2\pi} \int_{-\infty}^{\infty} x(t) e^{-i\omega t} dt$$

我们可以根据混沌信号的自相关函数 $R_{xx}(\tau)$ 的 Fourier 变化来判断混沌频域，通过自功率谱密度函数 $S_{xx}(f)$ 的特征来分析混沌的频域。因此，可以得出

$$S_{xx}(f) = \int_{-\infty}^{\infty} R_{xx}(\tau) e^{-i2\pi f \tau} d\tau$$

$$R_{xx}(\tau) = \int_{-\infty}^{\infty} S_{xx}(f) e^{-i2\pi f \tau} df$$

除以上介绍的四种判别方法以外，还有关联维数分析法、分频采样法等判断混沌的方法。

下面主要介绍三种著名的混沌吸引子

（1）Lorenz 吸引子

$$\begin{cases} \dfrac{dx}{dt} = \sigma y - \sigma x \\[2mm] \dfrac{dy}{dt} = \gamma x - y - xz \\[2mm] \dfrac{dz}{dt} = xy - bz \end{cases}$$

式中，t, x, y, z, σ, r, b 为系数，其中 σ, r, b 为大于零的常数。在一般情况下，取 $\sigma = 10$，$b = \dfrac{8}{3}$，改变 r 值来研究系统的变化情况。大量的研究表明：当 $1 < r < 13.926$ 时，几乎所有轨迹点都以螺旋的形式趋向于稳定的平衡点；当 $13.926 \leqslant r < 24.06$ 时，几乎所有的轨迹点最终都以螺旋的形式趋向于平衡点，但是有些轨迹在趋向于平衡点之前，会于一段时间内漫游在奇异不变集合附近；当 $r > 24.06$ 时，有些轨迹将一直漫游在奇异不变集合附近，从而形成了奇异吸引子，即混沌吸引子。

（2）Rossler 吸引子

$$\begin{cases} \dfrac{\mathrm{d}x}{\mathrm{d}t} = -y - z \\[2mm] \dfrac{\mathrm{d}y}{\mathrm{d}t} = -x + ay \\[2mm] \dfrac{\mathrm{d}z}{\mathrm{d}t} = b + z(x - c) \end{cases}$$

式中，a, b, c 都是常数。这个系统可以看作围绕 Lorenz 吸引子的环建立的一个流模型。因此，可以把这个系统看成模型的模型，当 $a = b = 0.2$，c 为分支参数，且 $c = 5.7$ 时，它是混沌的。

（3）Henon 吸引子

Henon 吸引子的动力学方程为

$$\begin{cases} x_{n+1} = 1 - ax_n^2 + by_n \\ y_{n+1} = x_n \end{cases}$$

当参数 $a = 1.4$，$b = 0.3$ 时，不动点 (ξ, η) 的雅可比行列式为

$$J = \left| \frac{\partial(x_{n+1}, y_{n+1})}{\partial(x_n, y_n)} \right|_{\substack{x_n = \xi \\ y_n = \eta}} = \begin{vmatrix} -2.8\xi & 0.3 \\ 1 & 0 \end{vmatrix} = -0.3$$

这表明，每一次迭代都能使任何面积缩小为原来的 0.3 倍，方程存在不动点：$A(0.631, 0.631)$，$B(-1.131, -1.313)$，在 A 处雅可比矩阵的特征值 $\lambda_1 = -1.924$，特征向量为 $(-1.924, 1)^{\mathrm{T}}$，在 B 处雅可比矩阵的特征值 $\lambda_2 = 0.156$，特征向量为 $(0.156, 1)^{\mathrm{T}}$，其中 $(\cdot)^{\mathrm{T}}$ 表示 $(\cdot)$ 的转置，由此可知 $|\lambda_1| > 1$，$|\lambda_2| < 1$，表明 λ_1 的特征向量表示为不稳定流形方向，λ_2 的特征向量表示为稳定流形方向。在这种参数下进行多次迭代计算后得出的系统是混沌的。

8.2　数学模型

Mathieu-Duffing 系统是广泛存在于物理、工程等领域的一类非线性系统，其数学模型为

$$\ddot{x} + \varepsilon h \dot{x} + \omega_0^2 x + \alpha x^3 + \varepsilon \beta x \cos(\Omega t) = 0$$

式中，$\varepsilon \ll 1$；ω_0 为发生的频率；α 为非线性项的强度；β 为刚度项系数。目前，在确定性 Mathieu-Duffing 系统的动力学行为方面已经取得很多成果。具体参考文献 [125，126]。在确定性 Mathieu-Duffing 系统的基础上引入随机激励，从而形成一类随机的 Mathieu-Duffing 系统。文献 [127] 通过使用最大 Lyapunov 指数的符号来判断随机 Mathieu-Duffing 系统的稳定性。在文献 [128] 中，作者利用多尺度法证明了在随机参数激励下 Mathieu-Duffing 系统几乎处处充满稳定性与不稳定性。随后，文献 [129] 给出了在有界噪声激励下带有时滞反馈随机 Mathieu-Duffing 系统非零解稳定性的充要条件。

同样地，相对转动系统也是非线性动力学中一类重要的系统，其非线性相对转动的自治系统模型为

$$\ddot{x} - \alpha \dot{x} + \omega_0^2 x + \beta \dot{x}^3 = 0$$

式中，ω_0 为系统的固有频率；α、β 分别为系统的线性阻尼系数和非线性阻尼系数。加入外部激励后，上式变为

$$\ddot{x} - \alpha \dot{x} + \omega_0^2 x + \beta \dot{x}^3 = F\cos(\Omega t)$$

式中，$F\cos(\Omega t)$ 为外部激励。近年来，带有外部激励与参数激励的相对转动系统在非线性科学领域得到了不断发展和广泛应用，详细内容可以参见文献 [130，133]。

Mathieu-Duffing 系统和相对转动系统是两类比较重要的系统。本节将研究由 Mathieu-Duffing 系统和相对转动系统相结合形成的一类带有 Mathieu-Duffing 振子的相对转动系统，下面首先给出新构建系统的数学模型。

基于文献 [134]，考虑如下形式的 Mathieu-Duffing 振子：

$$f(t) = N_1(t)x + N_2(t)x^3 \tag{8-1}$$

其中

$$N_1(t) = c\left(k_0^2 + k_1\cos(\omega_1 t)\right)$$
$$N_2(t) = b\left(k_0^2 + k_1\cos(\omega_1 t)\right)$$

式中，b, c, k_0, k_1 均为常数；ω_1 为系统本身固有的频率；$N_1(t)$ 为 Mathieu-Duffing 振子中一次刚度项系数；$N_2(t)$ 为 Mathieu-Duffing 振子中三次刚度项系数。

对于一类两质量相对转动系统，其动能表示为

$$E = \frac{1}{2}J_1\dot{\theta}_1^2 + \frac{1}{2}J_2\dot{\theta}_2^2 \tag{8-2}$$

式中，J_1、J_2 为惯性力矩；θ_1、θ_2 为两个转动的角度；$\dot{\theta}_1$、$\dot{\theta}_2$ 为两转动角度的速度。

定义两质量相对转动系统的势能 U 和广义的转矩 Q_1 和 Q_2

$$U = \frac{1}{2}c\left(k_0^2 + k_1\cos(\omega_1 t)\right)\theta^2 + \frac{1}{2}b\left(k_0^2 + k_1\cos(\omega_1 t)\right)\theta^4 \tag{8-3}$$

两个广义的转矩

$$\begin{cases} Q_1 = F_1^1\dfrac{\partial\theta_1}{\partial q_1} + F_2^2\dfrac{\partial\theta_2}{\partial q_1} \\[2mm] Q_2 = F_1^1\dfrac{\partial\theta_1}{\partial q_2} + F_2^2\dfrac{\partial\theta_2}{\partial q_2} \end{cases} \tag{8-4}$$

F_1^1、F_2^2 定义如下：

$$F_1^1 = T_1 - A\left(\dot{\theta}_1 - \dot{\theta}_2\right), \quad F_2^2 = T_2 - A\left(\dot{\theta}_2 - \dot{\theta}_1\right)$$

式中，q_1、q_2 为广义的坐标；T_1、T_2 为两质量相对转动系统广义的外部转矩；A 为阻尼系数。

Lagrange 方程的表达式为

$$Q_j = \frac{\mathrm{d}}{\mathrm{d}t}\frac{\partial E}{\partial \dot{q}_j} - \frac{\partial E}{\partial q_j} + \frac{\partial U}{\partial q_j} \tag{8-5}$$

将式（8-2）～式（8-4）代入式（8-5）中，可得

$$\begin{cases} J_1\ddot{\theta}_1 + N_1(t)(\theta_1 - \theta_2) + N_2(t)(\theta_1 - \theta_2)^3 + A\left(\dot{\theta}_1 - \dot{\theta}_2\right) = T_1 \\[2mm] J_2\ddot{\theta}_2 + N_1(t)(\theta_2 - \theta_1) + N_2(t)(\theta_2 - \theta_1)^3 + A\left(\dot{\theta}_2 - \dot{\theta}_1\right) = T_2 \end{cases} \tag{8-6}$$

式中，$\ddot{\theta}_1$、$\ddot{\theta}_2$ 为两个惯性力矩转动角度的加速度。

令

$$x = \theta_1 - \theta_2, \ \dot{x} = \dot{\theta}_1 - \dot{\theta}_2, \ \ddot{x} = \ddot{\theta}_1 - \ddot{\theta}_2$$

解方程得

$$\ddot{x} + \frac{J_1 + J_2}{J_1 J_2}c\left(k_0^2 + k_1\cos(\omega_1 t)\right)x + \frac{J_1 + J_2}{J_1 J_2}b\left(k_0^2 + k_1\cos(\omega_1 t)\right)x^3$$

$$+ \frac{J_1 + J_2}{J_1 J_2}A\dot{x} = \frac{J_2 T_1 - J_1 T_2}{J_1 J_2}$$

如果

$$\frac{J_2 T_1 - J_1 T_2}{J_1 J_2} = F\cos(\omega_2 t)$$

$$a = \frac{J_1 + J_2}{J_1 J_2}, \quad \rho = \frac{J_1 + J_2}{J_1 J_2} A$$

则方程可以写成

$$\ddot{x} + \alpha x + \beta x^3 + \cos(\omega_1 t)(\gamma x + \mu x^3) + \rho \dot{x} = F\cos(\omega_2 t) \tag{8-7}$$

其中，$\alpha = ak_0^2 c$，$\beta = ak_0^2 b$，$\gamma = ak_1 c$，$\mu = ak_1 b$，$F\cos(\omega_2 t)$ 可以看作外部激励，F 为外部激励的振幅，ω_2 为外部激励的频率。式（8-7）是带有 Mathieu-Duffing 振子两质量相对转动系统的数学模型。

8.3 系统的动力学行为

Melnikov 方法是判断非线性动力系统 Smale 马蹄变化意义下是否出现混沌现象的有效方法，它的基本思想是首先将研究的系统转化成一个 Poincaré 映射，然后研究此映射的横截同宿轨道或异宿轨道，并得出相应的条件作为判断依据，来说明系统是否出现混沌现象。

式（8-7）可以写成

$$\begin{cases} \dot{x}_1 = x_2 \\ \dot{x}_2 = -\alpha x_1 - \beta x_1^3 - \cos(\omega_1 t)(\gamma x_1 + \mu x_1^3) - \rho x_2 + F\cos(\omega_2 t) \end{cases} \tag{8-8}$$

在非线性项前引入一个 $0 \ll \varepsilon \ll 1$，上式变为

$$\begin{cases} \dot{x}_1 = x_2 \\ \dot{x}_2 = -\alpha x_1 - \beta x_1^3 - \varepsilon\left[\cos(\omega_1 t)(\gamma x_1 + \mu x_1^3) + \rho x_2 - F\cos(\omega_2 t)\right] \end{cases} \tag{8-9}$$

令

$$X = \begin{pmatrix} x_1 \\ x_2 \end{pmatrix}, \quad f(X) = \begin{pmatrix} x_2 \\ -\alpha x_1 - \beta x_1^3 \end{pmatrix}$$

$$g(X) = \begin{pmatrix} 0 \\ -\cos(\omega_1 t)(\gamma x_1 + \mu x_1^3) - \rho x_2 + F\cos(\omega_2 t) \end{pmatrix}$$

则有

$$\dot{X} = f(X) + \varepsilon g(X)$$

当 $\varepsilon = 0$ 时，式（8-9）变为

$$\begin{cases} \dot{x}_1 = x_2 \\ \dot{x}_2 = -\alpha x_1 - \beta x_1^3 \end{cases} \tag{8-10}$$

式（8-10）是一个没有受到扰动的 Hamilton 系统，它的 Hamilton 量为

$$H(x_1, x_2) = \frac{1}{2} x_2^2 + \frac{1}{2} \alpha x_1^2 + \frac{1}{4} \beta x_1^4$$

令 $\dot{x}_1 = \dot{x}_2 = 0$，解式（8-10）得到三个不动点 $(0,0)$，$\left(\sqrt{-\dfrac{\alpha}{\beta}}, 0 \right)$，$\left(-\sqrt{-\dfrac{\alpha}{\beta}}, 0 \right)$。
异宿轨道为

$$H\left(\pm\sqrt{-\frac{\alpha}{\beta}}, 0 \right) = \frac{1}{2} \alpha \left(\pm\sqrt{-\frac{\alpha}{\beta}} \right)^2 + \frac{1}{4} \beta \left(\pm\sqrt{-\frac{\alpha}{\beta}} \right)^4 = -\frac{\alpha^2}{4\beta}$$

因此，异宿轨道的参数方程为

$$\begin{cases} x_1(t) = \pm\sqrt{-\dfrac{\alpha}{\beta}} \tanh\left(\dfrac{\sqrt{2\alpha}}{2} t \right) \\[3mm] x_2(t) = \pm\dfrac{\alpha}{\sqrt{2\beta}} \dfrac{1}{\cosh^2\left(\dfrac{\sqrt{2\alpha}}{2} t \right)} \end{cases}$$

由 Melnikov 函数的定义可知

$$\begin{aligned} M(t_0) &= \int_{-\infty}^{+\infty} x_2(t) \left[-\cos(\omega_1(t+t_0))(\gamma x_1(t) + \mu x_1^3(t)) \right] \mathrm{d}t \\ &\quad + \int_{-\infty}^{+\infty} x_2(t) \left[-\rho x_2(t) + F\cos(\omega_2(t+t_0)) \right] \mathrm{d}t \\ &= \pm\gamma \int_{-\infty}^{+\infty} x_1(t) x_2(t) \cos(\omega_1(t+t_0)) \mathrm{d}t \\ &\quad \pm\mu \int_{-\infty}^{+\infty} x_1^3(t) x_2(t) \cos(\omega_1(t+t_0)) \mathrm{d}t \\ &\quad - \rho \int_{-\infty}^{+\infty} x_2(t)^2 \, \mathrm{d}t \pm F \int_{-\infty}^{+\infty} x_2(t) \cos(\omega_2(t+t_0)) \mathrm{d}t \end{aligned}$$

这里的 $x_1(t)$ 是关于 t 的奇函数，$x_2(t)$ 是关于 t 的偶函数，于是

$$\int_{-\infty}^{+\infty} x_1(t) x_2(t) \cos(\omega_1(t+t_0)) \mathrm{d}t = -\int_{-\infty}^{+\infty} x_1(t) x_2(t) \sin(\omega_1 t) \mathrm{d}t \sin(\omega_1 t_0)$$

$$\int_{-\infty}^{+\infty} x_1(t)^3 x_2(t) \cos(\omega_1(t+t_0)) \mathrm{d}t = -\int_{-\infty}^{+\infty} x_1(t)^3 x_2(t) \sin(\omega_1 t) \mathrm{d}t \sin(\omega_1 t_0)$$

$$\int_{-\infty}^{+\infty} x_2(t) \cos(\omega_2(t+t_0)) \mathrm{d}t = \int_{-\infty}^{+\infty} x_2(t) \cos(\omega_2 t) \mathrm{d}t \cos(\omega_2 t_0)$$

令

$$Z_1 = \int_{-\infty}^{+\infty} x_2(t) \mathrm{d}t$$

$$Z_2 = \int_{-\infty}^{+\infty} x_1(t) x_2(t) \sin(\omega_1 t) \mathrm{d}t$$

$$Z_3 = \int_{-\infty}^{+\infty} x_1(t)^3 x_2(t) \sin(\omega_1 t) \mathrm{d}t$$

$$Z_4 = \int_{-\infty}^{+\infty} x_2(t) \cos(\omega_2 t) \mathrm{d}t$$

于是，Melnikov 函数可写成

$$M(t_0) = -\rho Z_1 \pm (\gamma Z_2 + \mu Z_3) \sin(\omega_1 t_0) \pm F Z_4 \cos(\omega_2 t_0)$$

当频率共振时，即 $\omega_1 = \omega_2$，上式变为

$$M(t_0) = -\rho Z_1 \pm \sqrt{(\gamma Z_2 + \mu Z_3)^2 + (F Z_4)^2} \sin(\omega_1 t_0 + \varphi)$$

一定存在 t_0，使 $M(t_0)=0$。

即

$$\sin(\omega_1 t_0 + \varphi) = \pm \frac{\rho Z_1}{\sqrt{(\gamma Z_2 + \mu Z_3)^2 + (F Z_4)^2}}$$

这时

$$\frac{\partial M(t_0)}{\partial t_0} = \pm \omega_1 \sqrt{(\gamma Z_2 + \mu Z_3)^2 + (F Z_4)^2} \cos(\omega_1 t_0 + \varphi) \neq 0$$

因此，根据 Melnikov 函数的基本思想，可以判别出带有 Mathieu-Duffing 振子两质量相对转动系统在 Smale 马蹄意义下出现混沌动力学行为。

在利用 Melnikov 方法分析出系统出现混沌行为之后，进一步用 Poincaré 截面和相图来证实 Melnikov 方法分析结论的正确性。

对于式（8-8），取系数 $\alpha=4, \beta=-4, \gamma=1, \mu=-1, \rho=0.5, F=1.42$ 和 $\omega_1=\omega_2=2$。

初始条件为

$$x(0) = 1, \quad \dot{x}(0) = 0$$

令

$$\theta : R^1 \to S^1, \; t \to \theta(t) = \omega_1 t = \omega_2 t, \text{mod} 2\pi$$

式（8-8）可以表示为

$$\begin{cases} \dot{x}_1 = x_2 \\ \dot{x}_2 = -\alpha x_1 - \beta x_1^3 - \cos(\theta)\left(\gamma x_1 + \mu x_1^3\right) - \rho x_2 + F\cos\theta \\ \dot{\theta} = \omega_1 = \omega_2 \end{cases}$$

定义 Poincaré 截面

$$\Sigma^{\theta_0} = \left\{ (x, \theta) \in R^n \times S^1 \mid \; \theta = \theta_0 \in \left(0, 2\pi\right] \right\}$$

利用数值仿真绘出 Poincaré 截面，同时绘出了系统的相图，如图 8-1 所示。从图 8-1 可以看出，Poincaré 截面上有成片的密集点，相图中系统的运动轨迹具有互相缠绕的不规则性。这足以说明系统式（8-8）处于不稳定的状态，证实了 Melnikov 方法分析的准确性。

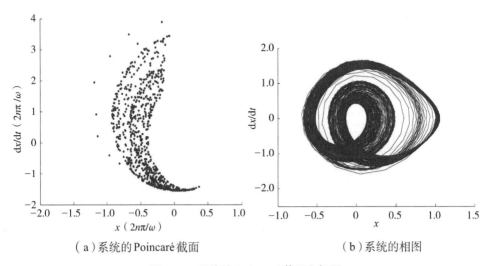

（a）系统的 Poincaré 截面　　　　　（b）系统的相图

图 8-1　系统的 Poincaré 截面和相图

8.4 Gauss 白噪声对系统稳定性的影响

随机激励下的动力系统在物理、工程等领域有着广泛的应用，由于随机激励的方式不同，对动力系统行为的影响也不同。最常见的就是 Gauss 白噪声激励下的随机系统。

在随机过程中，白噪声的功率谱密度可以看作常数，Gauss 过程可以通过它的均值和协方差函数来确定。并且在随机微分方程中，Gauss 白噪声 $\dot{W}(t)$ 表示为

$$\dot{W}(t) = dW(t)/dt$$

$W(t)$ 是 Brown 运动或者 Wiener 过程。由于 Gauss 白噪声较好的性质和特点，在大部分情况下，会用 Gauss 白噪声作为随机激励来模拟随机系统的动力学行为。在本节中，利用 Gauss 白噪声激励系统，使其呈现稳定状态。

接下来，Gauss 白噪声激励下系统式（8-8）变为如下形式：

$$\begin{cases} \dot{x}_1 = x_2 \\ \dot{x}_2 = -\alpha x_1 - \beta x_1^3 - \cos(\omega_1 t)(\gamma x_1 + \mu x_1^3) - \rho x_2 + F\cos(\omega_2 t + \sigma\xi(t)) \end{cases} \quad (8-11)$$

式中，$\xi(t)$ 为 Gauss 白噪声；σ 为 Gauss 白噪声的强度，它的均值和相关函数为

$$E\xi(t) = 0$$

$$E\xi(t)\xi(t+\tau) = \zeta(\tau)$$

其中，$\zeta(\tau)$ 是 Dirac-Delta 函数，即

$$\zeta(\tau) = \begin{cases} 1, & \tau = 0 \\ 0, & \tau \neq 0 \end{cases}$$

其线性化方程为

$$\begin{cases} \dot{y}_1 = y_2 \\ \dot{y}_2 = \left(-\alpha - 3\beta x_1^2 - \cos(\omega_1 t)(\gamma + 3\mu x_1^2)\right)y_1 - \rho y_2 \end{cases}$$

令

$$Y = \begin{pmatrix} y_1 \\ y_2 \end{pmatrix}, A = \begin{pmatrix} 0 & 1 \\ -\alpha - \gamma\cos(\omega_1 t) & -\rho \end{pmatrix},$$

$$G(t) = \begin{pmatrix} 0 & 0 \\ -3\beta x_1^2 - 3\cos(\omega_1 t)\mu x_1^2 & 0 \end{pmatrix}$$

则线性化方程可以写成如下形式：

$$\dot{Y} = (A + G(t))Y$$

定义 Poincaré 截面

$$\Sigma \to \Sigma, \ \Sigma\left\{(x(t), \dot{x}(t))\big| \ t = 0, 2\pi/\omega_2, 4\pi/\omega_2, \cdots\right\} \subseteq R^2$$

在相同的参数和初始条件下，利用六阶 Runge-Kutta 方法求解微分方程式（8-11），并每隔 $T = 2\pi/\omega$ 时间绘制一个点。当取噪声强度 $\sigma = 0.1$ 时，相应的 Poincaré 截面和相图如图 8-2 所示。图 8-2（a）中的 Poincaré 截面有少数的离散点；图 8-2（b）相图轨迹呈一个封闭的曲线，说明在 Gauss 白噪声激励下，原来不稳定的系统呈现稳定状态。

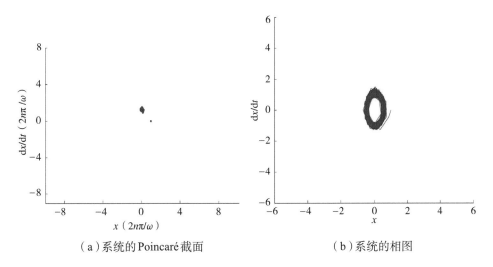

（a）系统的 Poincaré 截面　　　　　　（b）系统的相图

图 8-2　系统的 Poincaré 截面和相图

8.5 本章小结

本章分析了一类带有 Mathieu-Duffing 振子两质量相对转动系统的稳定性。在物理背景的意义下建立了系统的数学模型，利用 Melnikov 方法分析了系统在 Smale 马蹄意义下出现混沌动力学行为，即系统是处于不稳定状态的。进一步通过数值仿真绘出 Poincaré 截面图和相图验证了 Melnikov 方法的正确性。Gauss 白噪声的引入，可以使系统由不稳定状态转为稳定状态，也就是说，Gauss 白噪声作为随机激励可以使不稳定的系统稳定化。同时，数值实验也证实了获得的结论。

第9章 Bonhoeffer–Van der Pol 随机系统的稳定性分析

在本章中，我们将对 Bonhoeffer-Van der Pol 随机系统的混沌特征进行分析，并加以控制，使随机系统由混沌状态转变为稳定状态。具有一定的理论和现实意义。

9.1 引言

在非线性动力学理论蓬勃发展的同时，随机混沌控制理论被广泛地应用于各种工程领域。对于我们所熟知的 Duffing 系统和 Van der Pol 系统，研究者们已经在倍周期分叉、Hopf 分叉、混沌控制等方面作出了很好的研究成果，而这些系统的动力学行为也进一步加深了随机混沌控制理论的推广。

Bonhoeffer-Van der Pol 振子是生物学、物理学、机械工程学中的一个重要系统，它是用来描述电刺激在神经细胞膜上传播的一个二维模型，简称 BVP 系统。它是生物学中著名的 Hodgkin-Huxley 模型的一种简单形式，与 Van der Pol 振子相比，BVP 振子有特殊的分叉结构，带有感应器的电阻是 BVP 振子的一个组成部分。Rabinovitch 证实了在控制动力学行为方面，BVP 振子比 Van der Pol 振子更有优势，这是因为在 BVP 振子中由于电阻的存在，可以诱导次临界的 Andronov-Hopf 分叉发生。

Bonhoeffer-Van der Pol 系统是 20 世纪发现的一类具有代表性的非线性方程，它的应用渗透到各个领域中，不论是在机械工程领域，还是在通信工程领域，Bonhoeffer-Van der Pol 系统的特性都得到了很好的发展。

本章研究的 Bonhoeffer-Van der pol 模型，其动力学方程为

$$\begin{cases} \dot{x}_1 = x_1 - \dfrac{1}{3}x_1^3 - x_2 + I(t) \\ \dot{x}_2 = c(x_1 + a - bx_2) \end{cases} \qquad (9-1)$$

其中

$$I(t) = A_0 + A_1 \cos(\omega t)$$

在神经细胞学的应用中，x_1 表示神经细胞膜上的电势；x_2 表示折射率；$I(t)$ 表示输入电流；a，b，c 都是常数，分别代表细胞膜的半径、不固定的电阻率和温度因数。

对于 BVP 系统的研究，已知在一定的参数范围内，系统有不同的动力学行为。当参数 $a=0.7$，$b=0.8$，$c=0.1$，$\omega=1.0$，$A_0=0$，$A_1=0.781$ 时，BVP 系统有单个混沌吸引子；当系统参数 $a=0$，$b=0.5$，$c=0.2$，$\omega=1.0$，$A_0=0$，$A_1=0.31$ 时，BVP 系统有双混沌吸引子。本章将研究在第一组参数的情况下，具有单吸引子的 BVP 系统的随机混沌控制。

9.2 Bonhoeffer-Van der pol 系统的混沌动力学行为

式（9-1）可以写为

$$\begin{cases} \dot{x}_1 = x_1 - \dfrac{1}{3}x_1^3 - x_2 + A_0 + A_1 \cos(\omega t) \\ \dot{x}_2 = c(x_1 + a - bx_2) \end{cases} \tag{9-2}$$

式（9-2）的线性化方程为

$$\begin{cases} \dot{y}_1 = (1 - x_1^2)y_1 - y_2 \\ \dot{y}_2 = cy_1 - cby_2 \end{cases} \tag{9-3}$$

计算系统的最大 Lyapunov 指数为

$$\lambda = \lim_{t \to \infty} \frac{1}{t} \lg \frac{\|Y(t)\|}{\|Y(0)\|} \tag{9-4}$$

其中

$$\|Y(t)\| = \sqrt{y_1^2 + y_2^2} \tag{9-5}$$

取系统的第一组参数，并以 $x(0)=2.0$，$\dot{x}(0)=1.6$ 为系统的初始条件，利用四阶 Runge-Kutta 法同时对式（9-2）和式（9-3）进行求解，可以得出最大

Lyapunov指数随时间的变化，图如9-1所示。

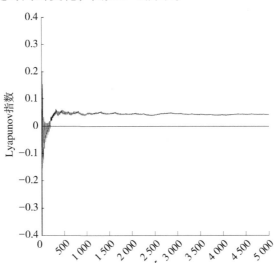

图9-1　最大Lyapunov指数随时间变化图

从图9-1可以看出，最大Lyapunov指数λ值在开始的一段时间内在零点处上下波动，随着时间的变化，最大Lyapunov指数λ值始终大于0，系统出现了混沌现象。

为了进一步证实上述结论，我们绘出Poincaré截面。

令

$$\theta: R^1 \to S^1$$
$$t \to \theta(t) = \omega t, \bmod 2\pi \tag{9-6}$$

式（9-2）可以写成

$$\begin{cases} \dot{x} = x - \dfrac{1}{3}x^3 - y + A_0 + A_1 \cos\theta \\ \dot{y} = cx + a - by \\ \dot{\theta} = \omega \end{cases} \tag{9-7}$$

定义截面为

$$\sum\nolimits^{\theta_0} = \left\{ (x, \theta) \in R^n \times S^1 \middle| \theta = \theta_0 \in (0, 2\pi] \right\} \tag{9-8}$$

绘出系统的Poincaré截面，如图9-2所示。

从图9-2可以看到，Poincaré截面上有成片的密集点，说明存在混沌吸引子，可知系统是混沌的。

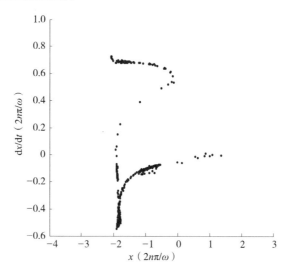

图 9-2 Poincaré 截面

随后绘出系统的相图和时间历程图来证实结论的正确性，分别如图9-3、图9-4所示。

从相图可以看出，系统的相轨迹很混乱，没有一定的规律；从时间历程图同样可以看出，时间历程不规则。通过对图像的分析，可知BVP系统在一定的参数范围内和初始条件下是混沌的。

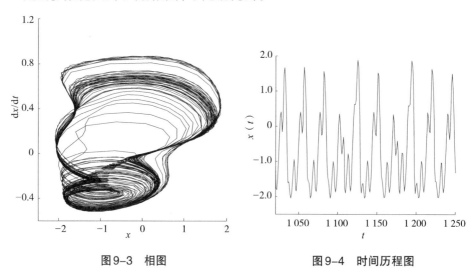

图 9-3　相图　　　　　　　　　图 9-4　时间历程图

9.3　Bonhoeffer–Van der pol 系统的混沌控制

式（9–2）加入随机相位后变为

$$\begin{cases} \dot{x}_1 = x_1 - \dfrac{1}{3}x_1^3 - x_2 + A_0 + A_1\cos\left(\omega t + \sigma\xi(t)\right) \\ \dot{x}_2 = c\left(x_1 + a - bx_2\right) \end{cases} \quad (9–9)$$

式中，$\xi(t)$ 为标准的 Gauss 白噪声；σ 为噪声强度。$\xi(t)$ 满足

$$E\xi(t) = 0$$

$$E\xi(t)\xi(t+\tau) = \delta(\tau)$$

式中，$\delta(\tau)$ 为 Dirac-Delta 函数。

相应的线性化方程为

$$\begin{cases} \dot{y}_1 = \left(1 - x_1^2\right)y_1 - y_2 \\ \dot{y}_2 = cy_1 - cby_2 \end{cases} \quad (9–10)$$

令

$$A = \left(a_{ij}\right)_{2\times 2} = \begin{bmatrix} 1 & -1 \\ -c & -cb \end{bmatrix}, \qquad Y = \begin{bmatrix} y_1 \\ y_2 \end{bmatrix}$$

$$F(t) = \left(f_{ij}\right)_{2\times 2} = \begin{bmatrix} -x_1^2 & 0 \\ 0 & 0 \end{bmatrix}$$

则有

$$\dot{Y} = \left[A + F(t)\right]Y \quad (9–11)$$

假设 $F(t)$ 是遍历的，且有 $E\left[\left\|A + F(t)\right\|\right] < \infty$，根据 Oseledec 多遍历性定理，$\exists\,\lambda_1$、$\lambda_2$ 和两个随机子空间 E_1、E_2，其中，E_1、E_2 满足：$E_1 \oplus E_2 = U_\delta(0) \subset R^2$，其中，$U_\delta(0)$ 代表 0 点的邻域，则有

$$\lambda_i = \lim_{t\to+\infty}\frac{1}{t}\lg\left\|Y(t)\right\| \text{ 当且仅当 } Y_0 \in E_i\backslash\{0\}, i = 1,2 \quad (9–12)$$

其中

$$\left\|Y(t)\right\| = \sqrt{y_1^2 + y_2^2} \quad (9–13)$$

则 $\lambda_i\,(i = 1,2)$ 定义为 Lyapunov 指数。如果有

$$\lambda = \max_i \lambda_i = \lim_{t\to+\infty}\frac{1}{t}\lg\left\|Y(t)\right\| \quad (9–14)$$

则 λ 被定义为系统的最大 Lyapunov 指数。

运用 Wedig 引入的 Khasminskii 球面坐标变换可得到最大 Lyapunov 指数。计算方法如下：

$$s_i = \frac{y_i}{a}, \quad i = 1,2 \quad a = \|Y(t)\| = \sqrt{y_1^2 + y_2^2} \tag{9-15}$$

则有

$$s_i' = \sum_j \left[A_{ij} - m(t)\delta_{ij} + \left(f_{ij} - n(t)\delta_{ij} \right) \right] s_j \tag{9-16}$$

其中

$$m(t) = \sum_{k,l} A_{kl} s_k s_l, \quad n(t) = \sum_{k,l} f_{kl} s_k s_l$$

$$\begin{cases} \delta_{ij} = 1, & i = j \\ \delta_{ij} = 0, & i \neq j \end{cases}$$

且有

$$a' = \left[m(t) + n(t) \right] a \tag{9-17}$$

系统的最大 Lyapunov 指数为

$$\lambda = \lim_{t \to \infty} \frac{1}{t} \lg a = \lim_{t \to \infty} \frac{1}{t} \int_0^t \left[m(\tau) + n(\tau) \right] d\tau \tag{9-18}$$

在实际的计算过程中，设步长为 Δt，则式（9-18）右端可化为

$$\lambda = \lim_{N \to \infty} \frac{1}{N\Delta t} \sum_{i=1}^N \int_{t_{i-1}}^{t_i} [m(\tau) + n(\tau)] d\tau \tag{9-19}$$

结合式（9-15）～式（9-19），对式（9-9）、式（9-10）求解，可以得到系统的最大 Lyapunov 指数。取上一节中相同的参数值和初始条件，经过多次数值模拟，得到系统平均最大 Lyapunov 指数随噪声强度 σ 的变化图（见图9-5）。

由图9-5可知，系统在 $\sigma = 0$ 时是混沌的，随着噪声强度 σ 的不断增大，当增加到一个临界值 $\sigma_c = 0.05$ 时，这时平均最大 Lyapunov 指数 λ 值由正变为负，表示系统的混沌现象变为稳定的周期现象，之后 σ 的变化对平均最大 Lyapunov 指数的符号影响不大，这表明，在 $\sigma > \sigma_c = 0.05$ 这个范围内，成功地抑制了系统的混沌行为。接下来，我们绘出系统的 Poincaré 截面来证实上述结论。

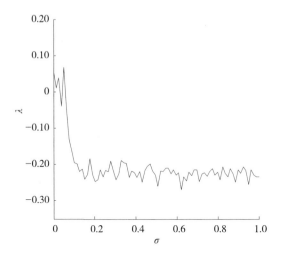

图 9-5 平均最大 Lyapunov 指数随噪声强度变化曲线

令 Poincaré 截面为

$$\Sigma \to \Sigma, \ \Sigma\left\{\left(x(t), \dot{x}(t)\right)\middle| t = 0, 2\pi/\Omega, 4\pi/\Omega, \cdots\right\} \subseteq R^2$$

利用四阶 Runge-Kutta 法对微分方程式（9-9）进行求解，在迭代一个周期 $T = 2\pi/\omega$ 的时间内绘制一个点，删除最初 200 个点后，用剩下的 200 个迭代点来绘制系统的 Poincaré 截面，当噪声强度 $\sigma = 0.3$ 时，Poincaré 截面如图 9-6 所示。

从图 9-6 可以看出，系统有稳定的吸引子，说明系统的混沌行为受到控制。在相同的噪声强度下，绘出系统的相图和时间历程图，分别如图 9-7、图 9-8 所示。

由图 9-7、图 9-8 可知，系统的相轨迹由原来杂乱无章的曲线变成一个规则的圆点，时间历程图也呈规则状态。总之，通过这些图形的比对和分析，说明利用 Guass 白噪声作为随机相位实现了 BVP 系统的混沌控制，系统由混沌状态转变为稳定状态。

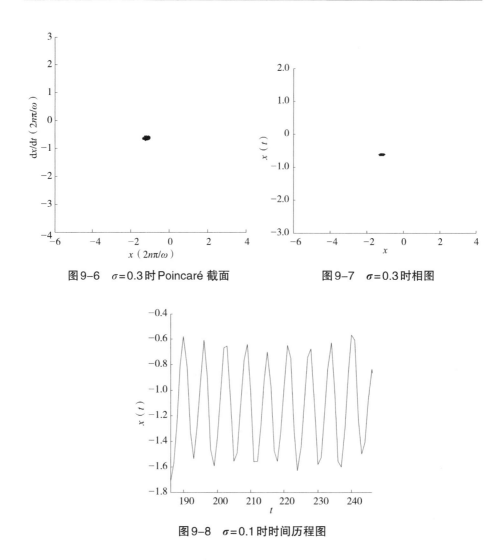

图9-6 $\sigma=0.3$时Poincaré截面

图9-7 $\sigma=0.3$时相图

图9-8 $\sigma=0.1$时时间历程图

9.4 本章小结

本章研究了Bonhoeffer-Van der pol系统的随机混沌控制，在给定的参数范围内，通过对系统的最大Lyapunov指数图的分析，基本可以判断系统是混沌的。为了抑制混沌的产生，本章介绍了利用Guass白噪声作为随机相位对系统进行干扰的方法，利用Matlab程序绘出干扰后的最大Lyapunov指数图，通过对比分析可知，在一定的噪声强度下，系统的混沌行为被抑制。

第10章 薄板系统的稳定性分析

10.1　薄板系统的动力学方程

近年来，在科学理论和科学技术不断发展的同时，薄板系统在许多科学领域得到广泛的发展，尤其是在航天航空这一科学领域。随着国内外学者对薄板系统的不断深入研究，目前已经在全局分叉、非线性振动和混沌动力学等方面取得了一定的科研成果。

薄板系统的结构广泛地被应用到工程技术等诸多领域，因此对薄板系统的研究也越来越深入。例如，在研究裂纹薄板的过程中，应用在飞机机翼上的金属薄板结构，由于受到横向的压力作用，飞机机翼上的一个微小裂纹，都能产生很大的影响。

高维的非线性系统常常被用来描述复杂的动力学系统和数学模型，对于高维的非线性系统，利用牛顿定律和 Hamilton 原理简化成低维的动力学模型，经过 Galerkin 方法可以写成非自治常微分方程组的形式，从而解决工程技术等领域中复杂的动力学系统。

近年来，四边简支矩形薄板得到很好的研究和应用，它的动力学方程为

$$D\nabla^4 w + \rho h \frac{\partial^2 w}{\partial t^2} - \frac{\partial^2 w}{\partial x^2}\frac{\partial^2 \phi}{\partial y^2} - \frac{\partial^2 w}{\partial y^2}\frac{\partial^2 \phi}{\partial x^2} + 2\frac{\partial^2 w}{\partial x \partial y}\frac{\partial^2 \phi}{\partial x \partial y} + \mu \frac{\partial w}{\partial t} = 0 \quad （10-1）$$

$$\nabla^4 \phi = Eh\left[\left(\frac{\partial^2 w}{\partial x \partial y}\right)^2 - \frac{\partial^2 w}{\partial x^2}\frac{\partial^2 w}{\partial y^2}\right] \quad （10-2）$$

式中，E 为杨氏模量；ρ 为薄板系统的密度；μ 为阻尼系数；ϕ 和 $D = \dfrac{Eh^3}{12(1-v^2)}$ 分别为应力函数和弯曲刚度；v 为 Poisson 比。

当上述的四边简支矩形薄板受到横向激励时，我们建立直角坐标系如图 10-1 所示。

从图 10-1 可以看出，a、b 为薄板系统的边长，h 为厚度，$p = p_0 - p_1\cos(\Omega_2 t)$

和 $F(x,y)\cos(\Omega_1 t)$ 分别代表薄板系统的面内激励和横向激励。

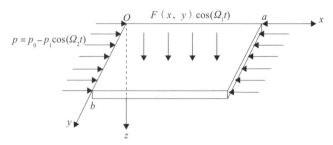

图 10-1 矩形薄板图形

在薄板系统同时受到面内激励和横向激励的情况下，薄板系统的运动方程为

$$D\nabla^4 w + \rho h \frac{\partial^2 w}{\partial t^2} - \frac{\partial^2 w}{\partial x^2}\frac{\partial^2 \phi}{\partial y^2} - \frac{\partial^2 w}{\partial y^2}\frac{\partial^2 \phi}{\partial x^2} + 2\frac{\partial^2 w}{\partial x\partial y}\frac{\partial^2 \phi}{\partial x\partial y} + \mu\frac{\partial w}{\partial t} = F(x,y)\cos(\Omega_1 t) \tag{10-3}$$

$$\nabla^4 \phi = h\left[\left(\frac{\partial^2 w}{\partial x\partial y}\right)^2 - \frac{\partial^2 w}{\partial x^2}\frac{\partial^2 w}{\partial y^2}\right] \tag{10-4}$$

这时边界条件可以写成

$$\begin{cases} w = \dfrac{\partial^2 w}{\partial x^2} = 0, \ x=0, a \\ w = \dfrac{\partial^2 w}{\partial y^2} = 0, \ y=0, b \end{cases}$$

其中，

$$w(x,y,t) = u_1(t)\sin\frac{\pi x}{a}\sin\frac{3\pi y}{b} + u_2(t)\sin\frac{3\pi x}{a}\sin\frac{\pi y}{b} \tag{10-5}$$

式中，$u_1(t)$、$u_2(t)$ 为面内激励的振幅。

$$F(x,y) = F_1\sin\frac{\pi x}{a}\sin\frac{3\pi y}{b} + F_2\sin\frac{3\pi x}{a}\sin\frac{\pi y}{b} \tag{10-6}$$

式中，F_1、F_2 为横向激励的振幅。

为了方便研究，我们给出薄板系统的无量纲形式的运动方程

$$\begin{cases} \ddot{x}_1 + \mu\dot{x}_1 - g_1 x_1 + 2x_1 f_1\cos(\Omega_2 t) + \alpha_1 x_1^3 + \alpha_2 x_1 x_2^2 = F_1\cos(\Omega_1 t) \\ \ddot{x}_2 + \mu\dot{x}_2 - g_2 x_2 + 2x_2 f_2\cos(\Omega_2 t) + \beta_1 x_2^3 + \beta_2 x_1^2 x_2 = F_2\cos(\Omega_1 t) \end{cases} \tag{10-7}$$

式中，μ 为阻尼系数；g_1、g_2 为薄板的固有频率；f_1、f_2 为参数激励的振幅；F_1、F_2 为横向激励的振幅；α_1、$\alpha_2, \beta_1, \beta_2$ 为薄板系统的系数。

10.2　薄板系统的混沌行为

方程可以写成一阶常微分方程的形式，具体方程

$$
\begin{cases}
\dot{x}_1 = x_2 \\
\dot{x}_2 = -\mu x_2 + g_1 x_1 - \alpha_1 x_1^3 - \alpha_2 x_1 x_3^2 - 2x_1 f_1 \cos(\Omega_2 x_5) + F_1 \cos(\Omega_1 x_5) \\
\dot{x}_3 = x_4 \\
\dot{x}_4 = -\mu x_4 + g_2 x_3 - \beta_1 x_3^3 - \beta_2 x_1^2 x_3 - 2x_3 f_2 \cos(\Omega_2 x_5) + F_2 \cos(\Omega_1 x_5) \\
\dot{x}_5 = 1
\end{cases}
\tag{10-8}
$$

其线性化方程为

$$
\begin{cases}
\dot{y}_1 = y_2 \\
\dot{y}_2 = \left(g_1 - 3\alpha_1 x_1^2 - \alpha_2 x_3^2 - 2f_1 \cos(\Omega_2 x_5) \right) y_1 - \mu y_2 + \left(-2\alpha_2 x_1 x_3 \right) y_3 \\
\qquad + \left(2\Omega_2 f_1 x_1 \sin(\Omega_2 x_5) - F_1 \Omega_1 \sin(\Omega_1 x_5) \right) y_5 \\
\dot{y}_3 = x_4 \\
\dot{y}_4 = \left(-2\beta_2 x_1 x_3 \right) y_1 + \left(g_2 - 3\beta_1 x_3^2 - \beta_2 x_1^2 - 2f_2 \cos(\Omega_2 x_5) \right) y_3 - \mu y_4 \\
\qquad + \left(2\Omega_2 x_3 f_2 \sin(\Omega_2 x_5) - F_2 \Omega_1 \sin(\Omega_1 x_5) \right) y_5 \\
\dot{y}_5 = 0
\end{cases}
\tag{10-9}
$$

Lyapunov 指数是判别混沌系统的简单方法，最大 Lyapunov 指数的定义如下：

$$
\lambda = \lim_{t \to \infty} \frac{1}{t} \lg \frac{\left\| Y(t) \right\|}{\left\| Y(0) \right\|}
\tag{10-10}
$$

其中

$$
\left\| Y(t) \right\| = \sqrt{y_1^2 + y_2^2 + y_3^2 + y_4^2 + y_5^2}
\tag{10-11}
$$

取薄板系统的参数 $\mu = 0.2$，$g_1 = -0.04$，$\alpha_1 = 0.3$，$\alpha_2 = -0.12$，$f_1 = 1$，$\Omega_2 = 2$，$F_1 = 8$，$\Omega_1 = 1$，$g_2 = -0.16$，$\beta_1 = 0.5$，$\beta_2 = -0.08$，$f_2 = 1$，$F_2 = 4$，选取 $x(0) = 1.0$，$\dot{x}(0) = 0$，$y(0) = 1.0$，$\dot{y}(0) = 0$ 为系统的初始值，用六阶 Runge-Kutta 法对其一阶常微分方程及其线性化方程进行求解，可以计算出系统中的最大 Lyapunov 指数，通过数值仿真实验得到图 10-2。

从图 10-2 可以观测到，最大 Lyapunov 指数 λ 值大于 0，由 Lyapunov 指数的判别标准可知系统是混沌的。为了充分地证明结论，利用 Matlab 程序

绘制出系统的 Poincaré 截面（见图 10-3）、系统的相图（见图 10-4）和时间
历程图（见图 10-5）。

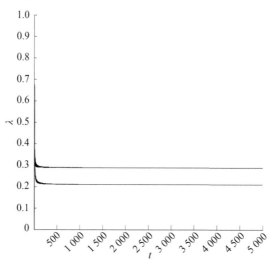

图 10-2　最大 Lyapunov 指数随时间变化图

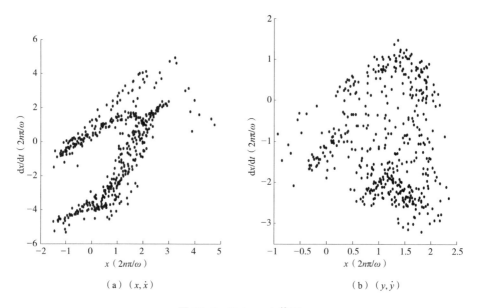

（a）$(x, \dot{x})$　　　　　　　　　　　　　　（b）$(y, \dot{y})$

图 10-3　Poincaré 截面

从系统的 Poincaré 截面图可以看出，系统存在奇异吸引子，从而证实

系统是混沌的。从系统的相图和时间历程图同样可知，薄板系统处于混沌状态。

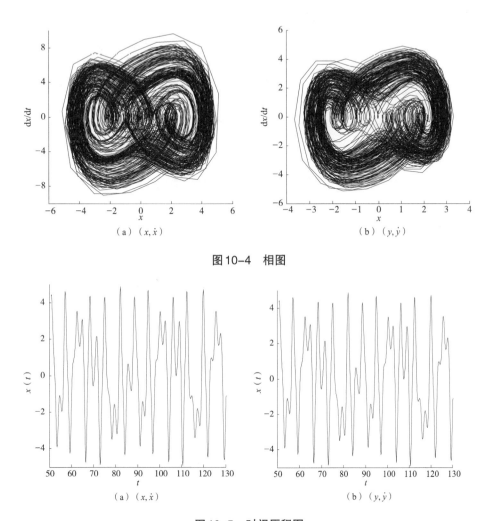

图10-4　相图

图10-5　时间历程图

10.3 薄板系统的混沌控制

为了抑制薄板系统的混沌行为，我们将利用 Guass 白噪声作为随机相位对系统进行混沌控制。在式（10-7）加入随机相位后，方程变为

$$
\begin{cases}
\ddot{x}_1 + \mu\dot{x}_1 - g_1 x_1 + 2x_1 f_1 \cos\Omega_2 t + \alpha_1 x_1^3 + \alpha_2 x_1 x_2^2 = F_1 \cos\left(\Omega_1 t + \sigma\xi(t)\right) \\
\ddot{x}_2 + \mu\dot{x}_2 - g_2 x_2 + 2x_2 f_2 \cos\Omega_2 t + \beta_1 x_2^3 + \beta_2 x_1^2 x_2 = F_2 \cos\left(\Omega_1 t + \sigma\xi(t)\right)
\end{cases}
\tag{10-12}
$$

式中，$\xi(t)$ 为标准的 Gauss 白噪声，且 $\xi(t)$ 满足

$$
\mathrm{E}\xi(t) = 0
$$

$$
\mathrm{E}\xi(t)\xi(t+\tau) = \delta(\tau)
$$

式中，$\delta(\tau)$ 为 Dirac-Delta 函数，σ 为噪声强度。

式（10-12）同样可以写成一阶常微分方程，具体方程如下：

$$
\begin{cases}
\dot{x}_1 = x_2 \\
\dot{x}_2 = -\mu x_2 + g_1 x_1 - \alpha_1 x_1^3 - \alpha_2 x_1 x_3^2 - 2x_1 f_1 \cos\left(\Omega_2 x_5\right) + F_1 \cos\left(\Omega_1 x_5 + \sigma\xi(t)\right) \\
\dot{x}_3 = x_4 \\
\dot{x}_4 = -\mu x_4 + g_2 x_3 - \beta_1 x_1^3 - \beta_2 x_1^2 x_3 - 2x_3 f_2 \cos\left(\Omega_2 x_5\right) + F_2 \cos\left(\Omega_1 x_5 + \sigma\xi(t)\right) \\
\dot{x}_5 = 1
\end{cases}
\tag{10-13}
$$

相应的线性化方程为

$$
\begin{cases}
\dot{y}_1 = y_2 \\
\dot{y}_2 = \left(g_1 - 3\alpha_1 x_1^2 - \alpha_2 x_3^2 - 2f_1 \cos\left(\Omega_2 x_5\right)\right)y_1 - \mu y_2 + \left(-2\alpha_2 x_1 x_3\right)y_3 \\
\qquad + \left(2\Omega_2 f_1 x_1 \sin\left(\Omega_2 x_5\right) - F_1\Omega_1 \sin\left(\Omega_1 x_5 + \sigma\xi(t)\right)\right)y_5 \\
\dot{y}_3 = x_4 \\
\dot{y}_4 = \left(-2\beta_2 x_1 x_3\right)y_1 + \left(g_2 - 3\beta_1 x_3^3 - \beta_2 x_1^2 - 2f_2 \cos\left(\Omega_2 x_5\right)\right)y_3 - \mu y_4 \\
\qquad + \left(2\Omega_2 f_2 x_3 \sin\left(\Omega_2 x_5\right) - F_2\Omega_1 \sin\left(\Omega_1 x_5 + \sigma\xi(t)\right)\right)y_5 \\
\dot{y}_5 = 0
\end{cases}
\tag{10-14}
$$

式（10-14）的矩阵形式可以写成下面形式：

$$\begin{pmatrix} \dot{y}_1 \\ \dot{y}_2 \\ \dot{y}_3 \\ \dot{y}_4 \\ \dot{y}_5 \end{pmatrix} = \begin{pmatrix} 0 & 1 & 0 & 0 & 0 \\ g_1 - 3\alpha_1 x_1^2 - \alpha_2 x_3^2 - 2f_1\cos(\Omega_2 x_5) & -\mu & -2\alpha_2 x_1 x_3 & 0 & n_1(t) \\ 0 & 0 & 0 & 1 & 0 \\ -2\beta_2 x_1 x_3 & 0 & g_2 - 3\beta_1 x_3^2 - \beta_2 x_1^2 - 2f_2\cos(\Omega_2 x_5) & -\mu & n_2(t) \\ 0 & 0 & 0 & 0 & 0 \end{pmatrix} \begin{pmatrix} y_1 \\ y_2 \\ y_3 \\ y_4 \\ y_5 \end{pmatrix}$$

$$（10-15）$$

其中

$$n_1(t) = 2\Omega_2 f_1 x_1 \sin(\Omega_2 x_5) - F_1 \Omega_1 \sin(\Omega_1 x_5 + \sigma\xi(t))$$

$$n_2(t) = 2\Omega_2 f_2 x_3 \sin(\Omega_2 x_5) - F_2 \Omega_1 \sin(\Omega_1 x_5 + \sigma\xi(t))$$

令

$$f_1(t) = g_1 - 3\alpha_1 x_1^2 - \alpha_2 x_3^2 - 2f_1\cos(\Omega_2 x_5), \quad f_2(t) = -2\alpha_2 x_1 x_3, \quad f_3(t) = -2\beta_2 x_1 x_3,$$

$$f_4(t) = g_2 - 3\beta_1 x_3^2 - \beta_2 x_1^2 - 2f_2\cos(\Omega_2 x_5), \quad f_5(t) = n_1(t), \quad f_6(t) = n_2(t)$$

$$A = \begin{pmatrix} 0 & 1 & 0 & 0 & 0 \\ 0 & -\mu & 0 & 0 & 0 \\ 0 & 0 & 0 & 1 & 0 \\ 0 & 0 & 0 & -\mu & 0 \\ 0 & 0 & 0 & 0 & 0 \end{pmatrix}, \qquad Y(t) = \begin{pmatrix} y_1 \\ y_2 \\ y_3 \\ y_4 \\ y_5 \end{pmatrix},$$

$$B^{(1)} = \begin{pmatrix} 0 & 0 & 0 & 0 & 0 \\ 1 & 0 & 0 & 0 & 0 \\ 0 & 0 & 0 & 0 & 0 \\ 0 & 0 & 0 & 0 & 0 \\ 0 & 0 & 0 & 0 & 0 \end{pmatrix}, \quad B^{(2)} = \begin{pmatrix} 0 & 0 & 0 & 0 & 0 \\ 0 & 0 & 1 & 0 & 0 \\ 0 & 0 & 0 & 0 & 0 \\ 0 & 0 & 0 & 0 & 0 \\ 0 & 0 & 0 & 0 & 0 \end{pmatrix}, \quad B^{(3)} = \begin{pmatrix} 0 & 0 & 0 & 0 & 0 \\ 0 & 0 & 0 & 0 & 0 \\ 0 & 0 & 0 & 0 & 0 \\ 1 & 0 & 0 & 0 & 0 \\ 0 & 0 & 0 & 0 & 0 \end{pmatrix}$$

$$B^{(4)} = \begin{pmatrix} 0 & 0 & 0 & 0 & 0 \\ 0 & 0 & 0 & 0 & 0 \\ 0 & 0 & 0 & 0 & 0 \\ 0 & 0 & 1 & 0 & 0 \\ 0 & 0 & 0 & 0 & 0 \end{pmatrix}, \quad B^{(5)} = \begin{pmatrix} 0 & 0 & 0 & 0 & 0 \\ 0 & 0 & 0 & 0 & 1 \\ 0 & 0 & 0 & 0 & 0 \\ 0 & 0 & 0 & 0 & 0 \\ 0 & 0 & 0 & 0 & 0 \end{pmatrix}, \quad B^{(6)} = \begin{pmatrix} 0 & 0 & 0 & 0 & 0 \\ 0 & 0 & 0 & 0 & 0 \\ 0 & 0 & 0 & 0 & 0 \\ 0 & 0 & 0 & 0 & 1 \\ 0 & 0 & 0 & 0 & 0 \end{pmatrix}$$

由此可以得到

$$\dot{Y}(t) = \left[A + \sum_l f_l(t) B^{(l)} \right] Y(t), \quad l = 1, 2, \cdots, 6 \qquad （10-16）$$

假设 $f_l(t)$ 在初始条件邻域里是遍历的，并且 $\left[\left\| A + F(t) \right\|\right]$ 的数学期望是

有界的，由 Oseledec 多遍历性定理，$\exists \lambda_i (i = 1, 2, \cdots, 5)$ 和五个随机子空间 $E_i (i = 1, 2, \cdots, 5)$，$E_i$ 的直和等于 $U_\delta(0)$，且包含于 R^5 中，这里的 $U_\delta(0)$ 表示 0 点的邻域，则有

$$\lambda_i = \lim_{t \to +\infty} \frac{1}{t} \lg \|Y(t)\| \text{当且仅当} Y_0 \in E_i \setminus \{0\}，\quad i = 1, 2, \cdots, 5 \quad （10-17）$$

实数 $\lambda_i (i = 1, 2, \cdots, 5)$ 是 Lyapunov 指数，如果有

$$\lambda = \max_i \lambda_i = \lim_{t \to +\infty} \frac{1}{t} \lg \|Y(t)\|$$

式中，λ 为最大的 Lyapunov 指数。

由 Khasminskii 球面坐标变换公式可以得到最大 Lyapunov 指数。计算方法如下：

$$s_i = \frac{y_i}{a}，\quad i = 1, 2, \cdots, 5, a = \|Y(t)\| \quad （10-18）$$

$$s_i' = \sum_{l,j} \left[A_{ij} - \alpha(t)\delta_{ij} + \left(B_{ij}^l - \beta^l(t)\delta_{ij}\right)f_l(t) \right]s_j \quad （10-19）$$

这里

$$\alpha(t) = \sum_{k,m} A_{km}s_k s_m，\quad \beta^l(t) = \sum_{k,m} B_{km}^l s_k s_m，\quad \delta_{ij} = 1(i = j)，\quad \delta_{ij} = 0(i \neq j)，$$

$$a' = \left[\alpha(t) + \sum_l \beta^l(t)f_l(t) \right]a \quad （10-20）$$

则最大 Lyapunov 指数 λ 值可以表示为如下形式：

$$\lambda = \lim_{t \to \infty} \frac{1}{t} \lg a = \lim_{t \to +\infty} \frac{1}{t} \int_0^t \left[\alpha(t) + \sum_l \beta^l(t)f_l(t) \right] d\tau \quad （10-21）$$

取 10.2 节中相同的参数和初始值，通过式（10-21）的数值积分，计算出系统的最大 Lyapunov 指数，可以得到当噪声强度 σ 变化时，最大 Lyapunov 指数随之变化的图形，通过数值实验，绘制出平均最大 Lyapunov 指数变化图如图 10-6 所示。

从图 10-6 可以发现，随着噪声强度 σ 的不断增大，最大 Lyapunov 指数仍然为正数，这时候系统的状态是混沌的，当噪声强度 σ 达到一个临界值 σ_c 时，系统的平均最大 Lyapunov 指数突然由正转负，说明系统由混沌状态进入稳定状态，之后，随着噪声强度的增大，在一定的参数范围内，对最大

Lyapunov 指数值影响不大。这表明，在 $\sigma \in (\sigma_c, 0,9]$ 的范围内，系统是处于稳定状态的，从而可以说明系统的混沌行为成功地被抑制。

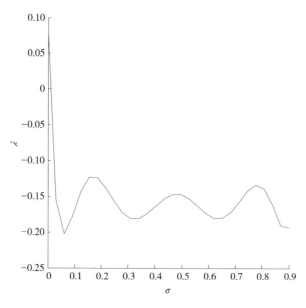

图 10-6　平均最大 Lyapunov 指数变化图

接下来，我们绘出式（10-12）的 Poincaré 截面来证实上面的结论，Poincaré 截面的定义如下：

$$\Sigma \to \Sigma, \ \Sigma \left\{ (x(t), \dot{x}(t)) \big| t = 0, 2\pi/\Omega, 4\pi/\Omega, \cdots \right\} \subseteq \mathbb{R}^2$$

通过六阶 Runge-Kutta 法对式（10-12）进行求解，每隔 $T = 2\pi/\omega$，所求出的解在 Poincaré 截面上绘制一个点，删除最初的 200 个点，保留 200 个迭代的点用来绘制 Poincaré 截面图（见图 10-7）。

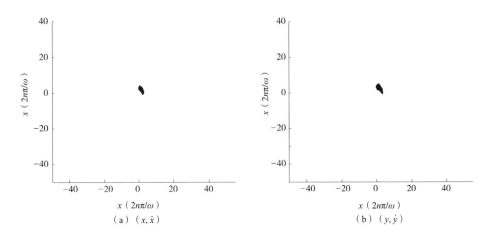

图 10-7 $\sigma=0.6$ 时系统的 Poincaré 截面

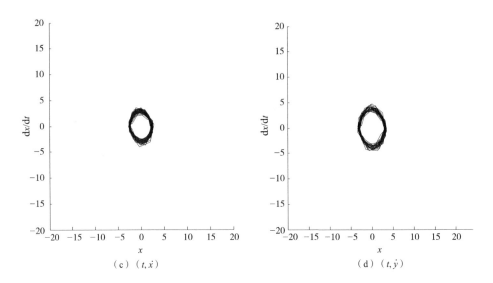

图 10-8 $\sigma=0.6$ 时系统的相图

进一步通过数值仿真实验，得到系统加入随机相位后的相图和时间历程图，分别如图 10-8 和图 10-9 所示。

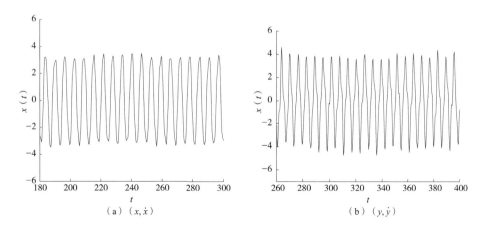

图 10-9　$\sigma = 0.6$ 时系统的时间历程图

通过系统的相图和时间历程图，可以看出相轨迹由混乱变得有规则，时间历程也变得很规则，都很好地说明利用随机相位实现了对薄板系统的混沌控制。

10.4　本章小结

本章利用Guass白噪声作为随机相位对薄板系统实现了混沌控制，首先，我们介绍了薄板的动力学方程，并通过Matlab程序绘制出最大Lyapunov指数等图形，可以判断薄板系统的行为状态变化。随后，我们在动力学方程中加入随机相位，同样绘出控制后的Lyapunov指数图、Poincaré截面、相图和时间历程图，通过比较可以证实，噪声强度在一定的范围内，系统的混沌行为可以成功地被抑制。

第11章　形状记忆合金转子随机系统的相位影响

11.1　形状记忆合金转子系统的动力学方程

随机相位对系统的影响主要有两个方面：一方面，当混沌有害时，即在工业等生产过程中不需要混沌行为时，我们要抑制混沌，使系统的混沌状态变为稳定状态；另一方面，当混沌有益时，要使一个非混沌系统产生混沌，即将系统的稳定状态转变为混沌状态，这种情况称为混沌反控制。总之，不管是抑制混沌还是产生混沌，都是满足人们所需要的状态，目前混沌反控制的研究已经得到广泛的关注，引起各界人士的极大兴趣。

形状记忆合金是一种新型的材料，广泛地被应用于航空航天、船舶、生物医学等相关领域。它有很好的弹性、相容性和耐腐性等多种性能，这就决定了它在相关领域起着至关重要的作用。因此，很多研究者对其特性进行了深度的研究，目前，已经在随机、分叉、脉冲等非线性动力学行为中取得重要的研究成果。

现在，形状记忆合金作为一种新的智能材料，被用于各种系统，用形状记忆合金的性能结合不同系统的特性，能在研究不同系统的同时进一步体现形状记忆合金的特点。转子系统一直是振动理论研究过程中重要的非线性系统，在实际的生产中，转子的振幅是在转子的升速或者降速过程中出现，利用形状记忆合金超弹性的特点，使转子系统的刚度能够在升速过程中呈软非线性，在降速过程中呈硬非线性，这样可以降低转子的振幅，从而达到减振的效果，下面主要研究形状记忆转子系统的随机相位影响。

形状记忆合金转子系统的动力学方程为

$$M\ddot{x} + c\dot{x} + \left(k_0 + c_1'\right)x + a_1'x^3 = Me\Omega^2\cos\left(\Omega t\right) + Me\varepsilon\sin\left(\Omega t\right) \tag{11-1}$$

式中，M 为系统的质量；c 为阻尼系数；k_0 为刚度系数；x 为位移；e 为偏心距；Ω 为角速度；ε 为角加速度；$a_1' = n\alpha S/L^3$；$c_1' = n\left(3\alpha z_0^2 + 2\beta z_0 + \gamma\right)S/L$，$n$ 为系数，是

由形状记忆合金控制器的结构决定的；$S = \pi R^2$ 为形状记忆合金丝的横截面积；L 为形状记忆合金丝的长度；α，β，γ 为系数；z_0 为形状记忆合金丝的初始应变值。

式（11-1）等号两边同时除以质量 M，方程变为

$$\ddot{x} + \xi\dot{x} + \omega^2 x + ax^3 = e\Omega^2 \cos(\Omega t) + e\varepsilon \sin(\Omega t) \tag{11-2}$$

其中，$\xi = \dfrac{c}{M}$，$a = \dfrac{a_1'}{M} = \dfrac{n\alpha S}{ML^3}$，$\omega = \sqrt{\dfrac{k_0 + c_1'}{M}} = \sqrt{\dfrac{k_0 + n\left(3\alpha z_0^2 + 2\beta z_0 + \gamma\right)/L}{M}}$。

11.2 形状记忆合金转子系统的稳定状态

式（11-2）转化成一阶微分方程的形式

$$\begin{cases} \dot{x}_1 = x_2 \\ \dot{x}_2 = -\xi x_2 - \omega^2 x_1 - ax_1^3 + e\Omega^2 \cos(\Omega t) + e\varepsilon \sin(\Omega t) \end{cases} \tag{11-3}$$

其线性化方程为

$$\begin{cases} \dot{y}_1 = y_2 \\ \dot{y}_2 = \left(-\omega^2 - 3ax_1^2\right)y_1 - \xi y_2 \end{cases} \tag{11-4}$$

取系统的参数值 $\xi = 1$，$\omega = 0.2$，$a = 3$，$e = 0.05$，$\Omega = 5$，$\varepsilon = 2$，给定系统的初始值为 $x(0) = 2.0$，$\dot{x}(0) = -3.0$。定义系统的最大 Lyapunov 指数为

$$\lambda = \lim_{t \to \infty} \frac{1}{t} \lg \frac{\left\|Y(t)\right\|}{\left\|Y(0)\right\|} \tag{11-5}$$

其中

$$\left\|Y(t)\right\| = \sqrt{y_1^2 + y_2^2} \tag{11-6}$$

利用四阶 Runge-Kutta 法对式（11-3）和式（11-4）进行求解，计算出系统的最大 Lyapunov 指数，并得到最大 Lyapunov 指数随时间变化曲线，如图 11-1 所示。

从图 11-1 可以看出，转子系统的最大 Lyapunov 指数一直为负值，根据最大 Lyapunov 指数的性质可知，系统是处于稳定状态的。

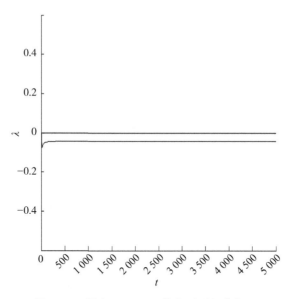

图 11-1　最大 Lyapunov 指数随时间变化图

为了更好地证实所得结论，我们绘出系统的 Poincaré 截面。

令

$$\theta: R^1 \to S^1$$
$$t \to \theta(t) = \Omega t, \mathrm{mod}\, 2\pi \tag{11-7}$$

式（11-3）变为

$$\begin{cases} \dot{x}_1 = x_2 \\ \dot{x}_2 = -\xi x_2 - \omega^2 x_1 - a x_1^3 + e\Omega^2 \cos\theta + e\varepsilon \sin\theta \\ \dot{\theta} = \Omega \end{cases} \tag{11-8}$$

定义截面

$$\sum\nolimits^{\theta_0} = \left\{ (x, \theta) \in R^n \times S^1 \,\middle|\, \theta = \theta_0 \in (0, 2\pi] \right\} \tag{11-9}$$

所得的 Poincaré 截面如图 11-2 所示。

由图 11-2 可知，Poincaré 截面上只有由少数离散点聚成的一个圆点，系统此时是周期稳定的。随后绘制出系统的相图（见图 11-3）和时间历程图（见图 11-4）。

从图 11-3 可以看出，系统的相轨迹呈一个规则的圆环；从图 11-4 可以看出，时间历程很规则，从而可以说明，转子系统在一定的参数范围内是呈稳定状态的，因此证实了上面结论的准确性。

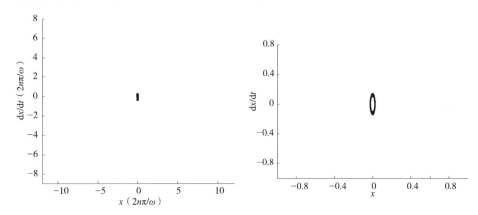

图 11-2　Poincaré 截面　　　　　　图 11-3　相图

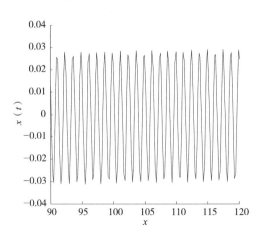

图 11-4　时间历程图

11.3　Gauss 白噪声作为随机相位对系统的影响

式（11-2）加入 Gauss 白噪声作为随机相位后，方程变为

$$\ddot{x} + \xi\dot{x} + \omega^2 x + ax^3 = e\Omega^2\cos(\Omega t) + e\varepsilon\sin(\Omega t + \sigma\xi(t)) \qquad (11-10)$$

式中，$\xi(t)$ 为标准的 Gauss 白噪声；σ 为噪声强度。且有 $\xi(t)$ 满足 $E\xi(t)=0$，

$E\xi(t)\xi(t+\tau)=\delta(\tau)$。其中，$\delta(\tau)$ 为 Dirac-Delta 函数。

相应的微分方程为

$$\begin{cases} \dot{x}_1 = x_2 \\ \dot{x}_2 = -\xi x_2 - \omega^2 x_1 - a x_1^3 + e\Omega^2 \cos(\Omega t) + e\varepsilon \sin(\Omega t + \sigma \xi(t)) \end{cases} \quad (11-11)$$

其线性化方程为

$$\begin{cases} \dot{y}_1 = y_2 \\ \dot{y}_2 = \left(-\omega^2 - 3a x_1^2\right) y_1 - \xi y_2 \end{cases} \quad (11-12)$$

令

$$A = (a_{ij}) = \begin{pmatrix} 0 & 1 \\ -\omega^2 & -\xi \end{pmatrix}, \quad F(t) = (f_{ij}) = \begin{pmatrix} 0 & 0 \\ -3a x_1^2 & 0 \end{pmatrix}, \quad Y = \begin{pmatrix} y_1 \\ y_2 \end{pmatrix}$$

则线性化方程变为

$$\dot{Y} = \left[A + F(t) \right] Y \quad (11-13)$$

定义最大 Lyaunov 指数

$$\lambda = \lim_{t \to \infty} \frac{1}{t} \lg \frac{\|Y(t)\|}{\|Y(0)\|}, \quad \|Y(t)\| = \sqrt{y_1^2 + y_2^2} \quad (11-14)$$

由 Khasminskii 球面坐标变换可以获得最大 Lyapunov 指数 λ 值的计算方法，具体形式为

$$s_i = \frac{y_i}{a}, \quad i=1,2, \, a = \|Y(t)\| = \sqrt{y_1^2 + y_2^2} \quad (11-15)$$

则有

$$s_i' = \sum_j \left[A_{ij} - m(t)\delta_{ij} + \left(f_{ij} - n(t)\delta_{ij}\right) \right] s_j \quad (11-16)$$

其中

$$m(t) = \sum_{k,l} a_{kl} s_k s_l, \quad n(t) = \sum_{k,l} f_{kl} s_k s_l, \quad \delta_{ij} = 1(i=j), \quad \delta_{ij} = 0(i \neq j)$$

且有

$$a' = \left[m(t) + n(t) \right] a \quad (11-17)$$

从而，最大 Lyapunov 指数

$$\lambda = \lim_{t \to \infty} \frac{1}{t} \lg a = \lim_{t \to \infty} \frac{1}{t} \int_0^t \left[m(\tau) + n(\tau) \right] \mathrm{d}\tau \quad (11-18)$$

在实际的计算中，步长设为 Δt，则式（11-18）右端可化为

$$\lambda = \lim_{N \to \infty} \frac{1}{N\Delta t} \sum_{i=1}^{N} \int_{t_{i-1}}^{t_i} \left[m(\tau) + n(\tau) \right] d\tau \qquad (11-19)$$

取 N 充分大，在 Δt 较小的时候，利用数值积分的知识，式（11-19）可简化为

$$\lambda = \frac{1}{N} \sum_{i=1}^{N} \left[m(t_i) + n(t_i) \right] \qquad (11-20)$$

取 11.2 节所给出的系统参数值和初始条件，经过多次模拟实验，得到平均最大 Lyapunov 指数随白噪声强度 σ 变化趋势如图 11-5 所示。

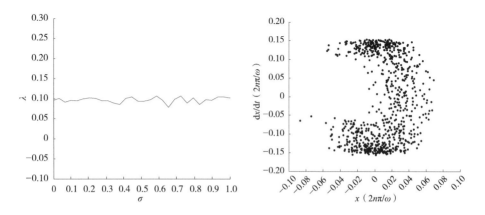

图 11-5　平均最大 Lyapunov 指数随 σ 的变化图　　　图 11-6　Poincaré 截面

从图 11-5 可以看出，平均最大 Lyapunov 指数为正值，这说明 Gauss 白噪声作为随机相位对系统产生了影响，使系统从稳定状态变成混沌状态，改变了系统的动力学行为。

同时绘制出形状记忆合金转子系统在相同的噪声强度下 Poincaré 截面（见图 11-6）、相图（见图 11-7）和时间历程图（见图 11-8）。

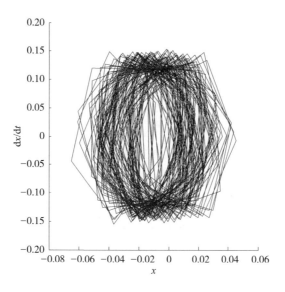

图 11-7　相图

从图 11-6 可以看出，系统有混沌吸引子；由图 11-7 可知，系统的相轨迹杂乱无章，没有规律；由图 11-8 可知，系统的时间历程图没有呈现一定的规律性。综上所述，系统的 Poincaré 截面、相图和时间历程图进一步证实了上述结论，即在 Gauss 白噪声作为随机相位对转子系统的扰动下，可以改变系统的动力学状态，使系统从稳定状态转变为混沌状态。

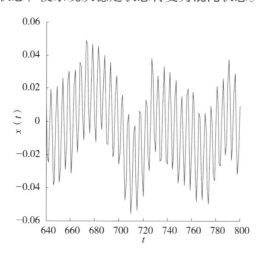

图 11-8　时间历程图

11.4　Gauss色噪声作为随机相位对系统的影响

一般来说，噪声普遍存在于人们的生活、生产中，而在实际中，得到相对理想化的白噪声是不容易的，通常情况下是难以预料的有色噪声。所以，我们常常利用方差为1的Gauss白噪声通过一个四阶带通滤波器产生Gauss色噪声。本节主要介绍Gauss色噪声的干扰对系统稳定状态的影响。

式（11-3）加入Gauss色噪声后变成如下形式：

$$\begin{cases} \dot{x}_1 = x_2 \\ \dot{x}_2 = -\xi x_2 - \omega^2 x_1 - ax_1^3 + e\Omega^2 \cos(\Omega t) + e\varepsilon \sin(\Omega t + \rho\zeta(t)) \end{cases} \quad （11-21）$$

式中，$\zeta(t)$ 为 Gauss 色噪声；ρ 为噪声强度。

线性化方程为

$$\begin{cases} \dot{y}_1 = y_2 \\ \dot{y}_2 = (-\omega^2 - 3ax_1^2)y_1 - \xi y_2 \end{cases} \quad （11-22）$$

令

$$A = (a_{ij}) = \begin{pmatrix} 0 & 1 \\ -\omega^2 & -\xi \end{pmatrix}, \quad F(t) = (f_{ij}) = \begin{pmatrix} 0 & 0 \\ -3ax_1^2 & 0 \end{pmatrix}, \quad Y = \begin{pmatrix} y_1 \\ y_2 \end{pmatrix}$$

则式（11-22）变为

$$\dot{Y} = \left[A + F(t) \right] Y \quad （11-23）$$

经过Matlab程序和数值仿真实验，绘制出平均最大Lyapunov指数变化图如图11-9所示。

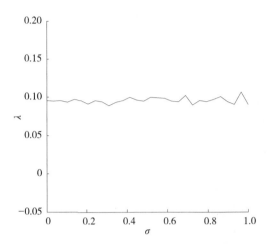

图 11-9　平均最大 Lyapunov 指数变化图

由图 11-9 可得，系统的最大 Lyapunov 指数值恒大于 0，系统呈现混沌状态。再次利用 Matlab 程序，绘制出系统控制后的 Poincaré 截面、系统的相图和时间历程图，分别如图 11-10～图 11-12 所示。

从图 11-10 可以看到，系统的 Poincaré 截面上是一些成片的密集点，说明此时系统处于混沌运动状态。

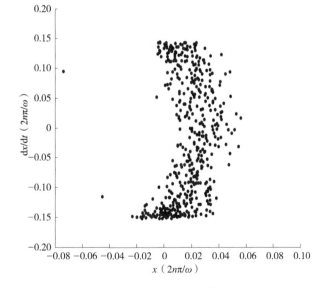

图 11-10　Poincaré 截面

从图11-11可以看到，系统的相轨迹杂乱无章。

从图11-12可以看到，系统是混沌的。

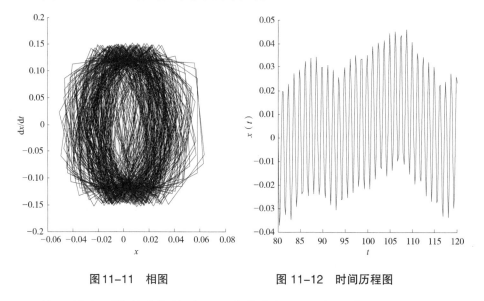

图11-11　相图　　　　　　　　图11-12　时间历程图

综上所述，说明系统是处于混沌状态的，也就是说，利用Gauss色噪声作为随机相位对系统进行扰动，同样可以将系统的稳定状态转变为混沌状态。

11.5　本章小结

本章研究了随机相位对形状记忆合金转子系统的影响。在了解形状记忆合金转子系统的简单物理背景之后，介绍了此系统的动力学模型，在没有加入任何噪声作为干扰项前，绘制出系统的最大Lyapunov指数等相应的图形，从图形的分析中，可以得知系统是处于稳定状态的。随后，分别用Gauss白噪声和Gauss色噪声作为干扰项对系统进行扰动。经过验证可知，不论是Gauss白噪声还是Gauss色噪声都能影响系统的动力学行为，使系统产生混沌行为，将系统的稳定状态转变为混沌状态。

结　语

本书分析了随机系统的稳定性。稳定性在随机系统实际应用的过程中占有很重要的作用，由于自然和社会中的随机因素比较复杂，经常会破坏系统的稳定状态，从而使系统失去应用的价值。因此，对于随机系统的稳定性探究是十分必要的。利用随机分析理论、数值方法理论、解析解和数值解分析理论及 Melnikov 方法研究了几类随机系统的稳定性问题，得到如下主要结论：

（1）在半线性常微分指数 Euler 方法的基础上，针对一类半线性随机比例微分方程，构造了指数 Euler 方法。首先，得到了方程解析解在均方意义下稳定的条件。其次，在此条件下，验证了指数 Euler 方法产生的数值解对于任意的步长 $h > 0$ 时可以保持均方稳定性。最后，数值算例验证了结论的正确性。

（2）研究了一类线性随机延迟方程的 Euler-Maruyama 方法和分布向后 Euler 方法两种数值方法的均方稳定性与广义均方稳定性。通过数值实验的分析，获得了分布向后 Euler 方法在均方稳定性方面优于 Euler-Maruyama 方法的结论。最终证实了非线性延迟积分-微分方程数值方法的均方稳定性，通过实验，同样证明了相应的结论。

（3）讨论了随机延迟微分方程的分步复合 θ 方法的稳定性，证明了当 $\theta \geq 0.5$ 时分步复合 θ 方法的均方稳定性。可以通过调整参数 h、θ、λ 的值来维持和提高随机系统的分步复合 θ 方法的稳定性。同时，也证明了分布复合 θ 方法在稳定性方面是优于分步 θ 方法的。

（4）研究了一类 Poisson 白噪声激励下随机系统的稳定性问题。对于线性的随机方程，在获得方程解析解均方稳定的条件下，得到当步长 h 在一定的限制范围内时，指数 Euler 方法才能达到均方稳定性，当步长超出这个范围时，方程则呈现不稳定状态。对于半线性的随机系统，将数值方法优化为补偿指数 Euler 方法，进一步证明了在解析解稳定的前提下，补偿指数 Euler 方法产生的数值解在步长没有限制范围的条件下是均方稳定的。

（5）分析了一类带有 Mathieu-Duffing 振子两质量相对转动系统的稳定性问题。利用 Melnikov 方法分析了系统出现混沌的动力学行为，相应的 Poincaré 截面和相图证实了 Melnikov 方法的正确性。在系统中引入 Gauss 白噪声这类随机因素后，结果表明，Gauss 白噪声可以消除系统出现混沌的现象，从而使系统呈现稳定状态。同样地，Poincaré 截面和相图的变化证明了理论分析的正确性。

（6）研究了 Bonhoeffer-Van der pol 系统的随机混沌控制，在给定的参数范围内，通过对系统的最大 Lyapunov 指数的分析，基本可以判断系统是混沌的。为了抑制混沌的产生，利用 Guass 白噪声作为随机相位对系统进行干扰，并利用 Matlab 程序绘制出干扰后的最大 Lyapunov 指数图，通过对比分析可知，在一定的噪声强度下，系统的混沌行为被抑制。

（7）用 Guass 白噪声作为随机相位对薄板系统实现了混沌控制。首先，介绍了薄板的动力学方程，并通过 Matlab 程序绘制出最大 Lyapunov 指数等图形，可以判断薄板系统的行为状态变化。然后，在动力学方程中加入随机相位，同样绘出控制后的 Lyapunov 指数图、Poincaré 截面、相图和时间历程图，通过比较可以证实，当噪声强度在一定的范围内时，系统的混沌行为可以成功地被抑制。

（8）研究了随机相位对形状记忆合金转子系统的影响。在了解形状记忆合金转子系统的简单物理背景之后，介绍了此系统的动力学模型，在没有加入任何噪声作为干扰项前，绘制出系统的最大 Lyapunov 指数等相应的图形，从图形的分析中，可以得知系统是处于稳定状态的。随后，分别用 Gauss 白噪声和 Gauss 色噪声作为干扰项对系统进行扰动。经过验证可知，不论是 Gauss 白噪声还是 Gauss 色噪声都能影响系统的动力学行为，使系统产生混沌行为，将系统的稳定状态转变为混沌状态。

参考文献

[1] 廖晓昕. 稳定性的数学理论及应用[M]. 武汉: 华中师范大学出版社, 2001.

[2] 郭柏灵, 蒲学科. 随机无穷维动力系统[M]. 北京: 北京航空航天大学出版社, 2009.

[3] 黄建华, 郑言. 无穷维随机动力系统的动力学[M]. 北京: 科学出版社, 2010.

[4] SAGIROW P. Stochastic methods in the dynamics of satellites[M]. Lecture Notes, 1970.

[5] KAMPEN N G. Stochastic processes in physics and chemistry[M]. Amsterdam: Elsevier Science, 2001.

[6] COX J C, ROSS S A, RUBINSTEIN M. Option pricing: A simplified approach[J]. Journal of Financial Economics, 1964, 81(3): 229-263.

[7] 朱位秋. 非线性随机动力学与控制[M]. 北京: 科学出版社, 2003.

[8] MAO X R, YUAN C, ZOU J. Stochastic differential delay equations of population dynamics[J]. Journal of Mathematical Analysis and Applications, 2005, 304(1): 296320.

[9] RUIZ H A. Chaos in delay differential equations with application in population dynamics[J]. Discrete and Continuous Dynamical Systems, 2013, 33(4): 16331644.

[10] EGOROV A V. Necessary conditions for the exponential stability of time-delay systems via the lyapunov delay matrix[J]. International Journal of Robust and Nonlinear Control, 2014, 24(12): 1760-1711.

[11] ZHAI J Y. Global output feedback stabilization for a class of nonlinear time-varying delay systems[J]. Applied Mathematics and Computation,

2014, 228: 606-614.

[12] CHOUDHARY S, PANDEY D N, SUKAVANAM N. Existence uniqueness theorems for multi-term fractional delay differential equations[J]. Fractional Calculus and Applied Analysis, 2015, 18(5): 1113-1127.

[13] GRIGORIU M. Response of dynamic system to poisson white noise[J]. Journal of Sound and Vibration, 1996, 195: 375-389.

[14] GRIGORIU M. Dynamic system with poisson white noise[J]. Nonlinear Dynamic, 2004, 36: 255-266.

[15] IKEDA N, WATANABLE S. Stochastic differential equation and diffusion process[M]. Amsterdam: North-Holland, 1981.

[16] KUNITA H. Stochastic flows and stochastic differential equation[M]. New York: Cambridge Press, 1990.

[17] ITÔ K. On stochastic differential equations[M]. Memoirs of the American Mathematical Society, 1951.

[18] ARNOLD L. Stochastic differential equations: Theory and applications[M]. New York: Joho Wiley and Sons Ltd., 1974.

[19] FRIEDMAN A. Stochastic differential equation and applications[M]. New York: Harcourt Brace Jovanovich, 1975.

[20] ELWORTHY K D. Stochastic differential equation on manifolds[M]. New York: Cambridge Press, 1982.

[21] MAO X R. Stochastic differential equation and their applications[M]. Chichester: Horwood Publishing, 1997.

[22] LAKSHMIKANTHAM V, BAINOV D. Theory of impulsive differential equations[M]. World Scientific, 1989.

[23] ITÔ K. Foundations of Stochastic differential equation in infinite-dimensional spaces[M]. New York: Cambridge Press, 1982.

[24] YAMADA K. A stability theorem for stochastic differential equations and application to stochastic control problems[J]. Stochastic, 1984, 13: 257-279.

[25] WU F K, HU S G. A study of a class of nonlinear stochastic delay differential equations[J]. Stochastic and Dynamics, 2010, 10(1): 97-118.

[26] LI X Y, MAO X R. A note on almost sure asymptotic stability of neutral stochastic delay differential equations with markovian switching[J]. Automatica Journal of IFAC, 2012, 48(9): 2329-2334.

[27] DAS S, PANDEY D N. Approximate controllability of an impulsive stochastic delay differential equations[J]. Journal of Advanced Research in Dynamical and Control Systems, 2015, 7(3): 78-95.

[28] 廖晓昕. 稳定性的理论、方法和应用[M]. 武汉: 华中科技大学出版社, 1998.

[29] BUCY R S. Stability and positive supermartingales[J]. Journal of Differential Equations, 1965, 1(2): 151-155.

[30] MAO X R. Stochastic versions of the lasalle theorem[J]. Journal of Differential Equations, 1999, 153(1): 175-195.

[31] 陈兰荪, 宋新宇, 陆征一. 数学生态模型与研究方法[M]. 成都: 四川科学技术出版社, 2003.

[32] 间莉萍, 夏元清, 杨毅. 随机过程理论及其在自动控制中的应用[M]. 北京: 国防工业出版社, 2011.

[33] SYSKI R. Stochastic differential equation[M]. Thomas L. Saaty, Education, 1967.

[34] BLACK F, SCHOLES M. The pricing of options and corporate liabilities[J]. Journal of Political Economy, 1973, 81: 637-654.

[35] ØKSENDAL B. 随机微分方程导论与应用[M]. 北京: 科学出版社, 2012.

[36] 胡适耕, 黄乘明, 吴付科. 随机微分方程[M]. 北京: 科学出版社, 2007.

[37] ITÔ K, NISIO M. On stationary solutions of a stochastic differential equation[J]. Journal of Mathematical Kyoto University, 1964, 4: 1-75.

[38] FLCMING W, NISIO M. On the existence of optimal stochastic control[J]. Journal of Mathematical and mechanics, 1966, 15: 777-794.

[39] WHITE B L. Some limit theorems for stochastic delay differential equation[J]. Communications on Pure and Applied Mathematics, 1976, 29（2）: 113-141.

[40] TAN L, JIN W. Weak convergence of functional stochastic differential equations with variable delays[J]. Statistics and Probability Letters, 2013, 83（11）: 25922599.

[41] WU M, HUANG N J. Stability of a class of nonlinear neutral stochastic differential equations with variable time delays[J]. Analele Stiintifice Ale Universitatii Ovidius Constanta, 2012, 20（1）: 467-487.

[42] KOTO T. Stability of runge-kutta method for delay integro-differential equations[J]. Journal of Computational and Applied Mathematics, 2002, 145（2）: 483-492.

[43] KOTO T. Stability of θ methods for delay integro-differential equations[J]. Journal of Computational and Applied Mathematics, 2003, 161（2）: 393-404.

[44] KOTO T. Stability of linear multistep methods for delay integro-differential equations[J]. Computer and Mathematics with Applications, 2008, 55（12）: 2830-2838.

[45] SHAIKH A, THAKAR S. Numerical stability of RK method for volterra delay integro-differential equations[J]. Bulletin of Kerala Mathematics Association, 2014, 11: 189-207.

[46] MARUYAMA G. Continuous markov processes and stochastic equations[J]. Rendiconti del Circolo Matematico di Palermo, 1955, 4: 48-90.

[47] GIKHMAN L L, SKOORKHOD A V. Stochastic differential equation[M]. Berlin: Springer-Verlag, 1967.

[48] MILSTEIN G N. Approximate integration of stochastic differential equations[J]. Theory of Probability and its Applications, 1974, 19: 583-588.

[49] PLATEN E. Zur zeitdiskreten approximation von itô prozessen[M]. Berlin:

1984.

[50] KLOEDEN P, PLATEN E, SCHURZ H. The numerical solution of nonlinear stochastic dynamical system: A brief introduction differential[J]. International Journal of Bifurcation and Chaos, 1991, 1 (2): 277-286.

[51] HIGHAM D, MAO X R, STUART A. Strong convergence of euler-type methods for nonlinear stochastic differential equation[J]. SIAM Journal on Numerical Analysis, 2002, 40: 1041-1063.

[52] KLOEDEN P E, PLATEN E. Numerical solution of stochastic differential equation[M]. Berlin: Springer, 1992.

[53] HIGHAM D, MAO X R, STUART A. Exponential mean square stability of numerical methods to stochastic differential equation[J]. LMS Journal on Computation and Mathematics, 2003, 6: 297-313.

[54] HUTZENTHALER D, JENTZEN A, KLOEDEN P. Strong convergence of an explicit numerical methods for SDEs with non-globally lipschite continuous coefficients[J]. The Annals of Applied Probability, 2002, 22 (4): 1611-1641.

[55] MATTINGLY J, STUARE A, HIGHAM D. Ergodicity for SDEs and approximations: Locally lipschite vector fields and degenerate noise[J]. Stochastic Processes and Application, 2002, 101: 185-232.

[56] MILSTEIN G N, PLATEN E, SCHURZ A. Balance implicit method for stiff stochastic systems[J]. SIAM Journal on Numerical Analysis, 1998, 35: 1010-1019.

[57] SHI C M, XIAO Y, ZHANG C P. The convergence and MS stability of exponential euler method for semi-linear stochastic differential equation[J]. Abstract and Applied Analysis, 2012: 1-19.

[58] LI Q Y, GAN S Q. Stability of split-step one-leg theta method for stochastic differential equations[J]. Mathematica Applicata, 2012, 25 (1): 209-213.

[59] WANG P, LIU Z X. Split-step backward balanced milstein method for stiff stochastic systems[J]. Applied Numerical Mathematics, 2009, 59（2）: 1198-1213.

[60] RATHINASAMY A. Split-step θ methods for stochastic age-dependent population equations with markovian switching[J]. Nonlinear Analysis: Real World Applications, 2002, 13（3）: 1334-1345.

[61] HAS'MINSKII R Z. Necessary and sufficient conditions for asymptotic stability of linear stochastic systems[J]. Theory of Probability and its Applications, 1967, 12: 144-147.

[62] ARNOLD L, OELJEKLAUS E, PARDOUX E. Almost sure and moment stability for linear itô equations[J]. Lecture Notes in Mathematics, 1984, 1186: 19-159.

[63] HAS'MINSKII R Z. Stochastic stability of differential equation[M]. Sijthoff and Noordhoff, 1980.

[64] MOHAMMED S E A. Stochastic functional differential equation[M]. Pitman（Advanced Publishing Program）, Boston, MA, 1984.

[65] MAO X R. Almost sure exponential stability for delay stochastic differential equations with respect to semimartingales[J]. Stochastic Analysis and Applications, 1991, 9（2）: 177-194.

[66] FRIEDMAN A, PINSKY M. Asymptotic behavior of solutions of linear stochastic differential systems[J]. Transactions of the American Mathematical Society, 1973, 181: 1-22.

[67] MAO X R. Almost sure polynomial stability for a class of stochastic differential equations[J]. Quarterly Journal of Mathematics, 1992, 43: 339-348.

[68] MAO X R. Razumikhin-type theorems on exponential stability of stochastic functional differential equations[J]. Stochastic Processes and Their Applications, 1996, 65: 233-250.

[69] MOHAMMED S E A. The lyapunov spectrum and stable manifolds for stochastic linear delay equations[J]. Stochastic and Stochastic Reports, 1990, 29: 89-131.

[70] SATIO Y, MITSUI T. T-stability of numerical scheme for stochastic differential equations[J]. World Scientific Series in Applicable Analysis, 1993, 2: 333-344.

[71] HIGHAM D. Mean square and asymptotic stability of stochastic theta method[J]. SIAM Journal on Numerical Analysis, 2000, 38（3）: 753-769.

[72] HIGHAM D. A-stability and stochastic mean square stability[J]. BIT Numerical Mathematics, 2000, 40（2）: 404-409.

[73] HUANG C M. Exponential mean-square stability of numerical methods for system of stochastic differential equations[J]. Journal of Computational and Applied Mathematics, 2012, 236: 4016-4026.

[74] WANG P. A-stable runge-kutta methods for stiff stochastic differential equation with multiplicative noise[J]. Computational and Applied Mathematics, 2014, 34: 773-792.

[75] MAO X R. Almost sure exponential stability in the numerical simulation of stochastic differential equations[J]. SIAM Journal on Numerical Analysis, 2015, 53（1）: 370-389.

[76] WU F K, MAO X R, SZPRUCH L. Almost sure exponential stability in the numerical solution for stochastic delay differential equations[J]. Numerische Mathematik, 2010, 115（4）: 681-697.

[77] CHEN L, WU F K. Choice of θ and its effects on stability in the stochastic θ method of stochastic delay differential equations[J]. International Journal of Computer Mathematics, 2012, 89（15）: 2106-2122.

[78] HUANG C M. Mean square stability and dissipativity of two classes of theta method for system of stochastic delay differential equations[J]. Journal of Computational and Applied Mathematics, 2014, 259: 77-86.

[79] GUO Q, QIU M M, MITSUI T. Asymptotic mean square stability of explicit rungekutta maruyama methods for stochastic delay differential equations[J]. Journal of Computational and Applied Mathematics, 2016, 296: 427-442.

[80] ZHOU S B. Strong convergence and stability of backward euler maruyama scheme for highly nonlinear hybrid stochastic differential delay equations[J]. Calcolo, 2015, 25（4）: 445-473.

[81] GAN S Q, XIAO A G, WANG D S. Stability of analytical and numerical solutions of nonlinear stochastic delay differential equations[J]. Journal of Computational and Applied Mathematics, 2014, 268: 5-22.

[82] CAO W R, ZHANG Z Q. Simulation of two step maruyama methods for nonlinear stochastic delay differential equations[J]. Advances in Applied Mathematics and Mechanics, 2012, 4（6）: 821-832.

[83] MAO X R. Numerical solutions of stochastic differential delay equations under the generalized khasminskii-type conditions[J]. Applied Mathematics and Computation, 2011, 217（1）: 5512-5524.

[84] 林元烈. 应用随机过程 [M]. 北京: 清华大学出版社, 2002.

[85] 黄志远. 随机分析学基础 [M]. 北京: 科学出版社, 2000 .

[86] 龚光鲁. 随机微分方程及其应用概要 [M]. 北京: 清华大学出版社, 2007.

[87] 武宝亭, 李庆士, 杨跃武. 随机过程与随机微分方程 [M]. 成都: 电子科技大学出版社, 1994.

[88] OCKEMDON J R, TAYLER A B. The dynamics of a current collection system for an electric locomotive[J]. Proceedings of the Royal Society A, 1971, 322: 447-468.

[89] KATO T, MCLEOD J B. The functional differential equation $y'(x)=ay(\lambda x)+by(x)$ [J]. Bulletin of the American Mathematical Society, 1971, 77: 891-937.

[90] BELLEN A, GUGLIELMI N, TORELL L. Asymptotic stability properties of θ methods for the pantograph equation[J]. Applied Numerical

Mathematics, 2007, 24（2）: 279293.

[91] XU Y, LIU M Z. H stability of runge kutta methods with general variable stepsize for pantograph equations[J]. Applied Mathematics and Computation, 2004, 148（2）: 881-892.

[92] BAKER C, BUCKWAR E. Continuous θ methods for the stochastic pantograph equation[J]. Electronic Transactions on Numerical Analysis, 2000, 11: 131-151.

[93] FAN Z C, LIU M Z. The asymptotically mean square stability of the linear stochastic pantograph equation[J]. Mathematica Applicata, 2007, 20（3）: 519-523.

[94] YU Z H. Razumikhin-type theorem and mean square asymptotic behavior of the backward euler method for neutral stochastic pantograph equations[J]. Journal of Inequalities and Applications, 2013, 299: 1-15.

[95] FAN Z C, SONG M H, LIU M Z. The α-th moment stability for the stochastic pantograph equation[J]. Journal of Computational and Applied Mathematics, 2009, 233（2）: 109-120.

[96] ZHOU S B, XUE M G. Exponential stability for nonlinear hybrid stochastic pantograph equations and numerical approximation[J]. Acta Mathematical Scientia Series B, 2014, 34（4）: 1254-1270.

[97] ZHANG H Y, XIAO Y, GUO F Y. Convergence and stability of a numerical method for nonlinear stochastic pantograph equation[J]. Journal of the Franklin Institute, 2014, 351（6）: 3089-3103.

[98] HU L, GAN S Q. Numerical analysis of the balanced implicit methods for stochastic pantograph equations with jumps[J]. Applied Mathematics and Computation, 2013, 223: 281-297.

[99] MARLIS H, ALEXANDER O. Exponential runge-kutta methods for parabolic problems[J]. Applied Numerical Mathematics, 2005, 53: 323-339.

[100] MARLIS H, ALEXANDER O. Explicit exponential runge-kutta methods

for semilinear parabolic problems[J]. SIAM Journal on Numerical Analysis, 2005, 43（3）: 1069-1090.

[101] XU Y, ZHAO J J, SUI Z W. Exponential runge-kutta methods for delay differential equations[J]. Mathematics and Computers in Simulation, 2010, 80: 2350-2361.

[102] XU Y, ZHAO J J, SUI Z W. Stability analysis exponential runge-kutta methods for delay differential equations[J]. Applied Mathematics Letters, 2011, 24（7）: 10891092.

[103] 李敏. 比例方程指数 Runge-Kutta 方法的稳定性分析 [D]. 哈尔滨: 哈尔滨工业大学, 2011.

[104] DEKKER K, VERWER J G. Stability of runge-kutta methods for stiff nonlinear differential equations[M]. Amsterdam: Centre for Mathematics and Computer Science, 1983.

[105] XIAO Y, ZHANG H Y. Convergence and stability of numerical methods with variable step size for stochastic pantograph differential equations[J]. International Journal of Computer and Mathematics, 2011, 88: 2955-2968.

[106] YIN J L, MAO X R. The adapted solution and comparison theorem for backward stochastic differential equations with poisson jump and applications[J]. Journal of Mathematical Analysis and Applications, 2008, 346: 345-358.

[107] LUO J W. Comparison principle and stability of itô stochastic differential delay equations with poisson jump and markovian switching[J]. Nonlinear Analysis, 2006, 64（2）: 253-262.

[108] LIU D Z, YANG G Y, ZHANG W. The stability of neutral stochastic delay differential equations with poisson by fixed points[J]. Journal of Computational and Applied Mathematics, 2011, 235: 3115-3120.

[109] HIGHAM J, KLOEDEN P. Numerical methods for nonlinear stochastic

differential equations with jumps[J]. Numerische Mathematik, 2005, 101
(1): 101-119.

[110] WANG J, X, GAN S Q. Compensated stochastic theta methods for stochastic differential delay equations with jumps[J]. Applied Numerical Mathematics, 2010, 60(9): 877-887.

[111] HU L, GAN S Q. Convergence and stability of the balanced methods for stochastic differential equations with jumps[J]. International Journal of Computer Mathematics, 2011, 88(10): 2089-2108.

[112] HU L, GAN S Q. Stability of the milstein method for stochastic differential equations with jumps[J]. Journal of Applied Mathematics and Informatics, 2011, 29(5): 1311-1325.

[113] TAN J G, MU Z M, GUO Y F. Convergence and stability of the compensated splitstep θ -method for stochastic differential equations with jumps[J]. Advances in Difference Equations, 2014, 209: 1-19.

[114] TAN J G, WANG H L. Mean square stability of the euler maruyama method for stochastic differential delay equations with jumps[J]. International Journal of Computer Mathematics, 2011, 88(2): 421-429.

[115] LI Q Y, GAN S Q. Almost sure exponential stability of numerical solutions for stochastic delay differential equations with jumps[J]. Journal of Applied Mathematical and Computing, 2011, 37(1): 541-557.

[116] LI Q Y, GAN S Q, WANG X J. Compensated stochastic theta methods for stochastic differential delay equations with jumps[J]. International Journal of Computer Mathematics, 2013, 90(5): 1057-1071.

[117] ZHAO G H, SONG M H, LIU M Z. Numerical solution of stochastic differential delay equations with jumps[J]. International Journal of Numerical Analysis and Modeling, 2009, 6(4): 7659-679.

[118] GRIGORIU M. Applied non-gaussian processes: Examples, theory, simulation, linear random vibration and matlab solution[M]. New Jersey:

Prentice Hall: Englewoods Cliffs, 1995.

[119] 陆大金, 张影. 随机过程及其应用 [M]. 北京: 清华大学出版社, 2011.

[120] 龚光鲁, 钱敏平. 应用随机过程教程及在算法和智能计算中的随机模型 [M]. 北京: 清华大学出版社, 2004.

[121] SOBCZYK K. Stochastic differential equations with applications to physics and engineering[M]. Kluwer Academic, Dordrecht, 1991.

[122] HIGHAM J, KLOEDEN P. Convergence and stability of implicit methods for jumps diffusion systems[J]. International Journal of Numerical Analysis and Modeling, 2006, 3 (2): 125-140.

[123] LIU M Z, CAO W R, FAN Z C. Convergence and stability of the semi-implicit euler methods for a linear stochastic differential delay equation[J]. Journal of Computer Applied and Mathematic, 2004, 170: 255-268.

[124] 李启勇. 几类随机延迟微分方程数值方法的稳定性分析 [D]. 长沙: 中南大学, 2012.

[125] ESMAILZADEH E, NAKHAIE J G. Periodic solution of a mathieu-duffing type equation[J]. International Journal of Non-Linear Mechanics, 1997, 32 (5): 905-912.

[126] LUO A C J. Chaotic motion in the generic separatrix band of a mathieu-duffing oscillator with a twin-well potential[J]. Journal of Sound and Vibration, 2001, 248 (3): 521-532.

[127] RONG H W, XU W, WANG X D. Maximal lyapunov exponent and almost sure sample stability for second-order linear stochastic system[J]. International Journal of Non-Linear Mechanics, 2003, 38: 609-614.

[128] LI J R, XU W, REN Z Z. Maximal lyapunov exponent and almost sure stability for stochastic mathieu-duffing systems[J]. Journal of Sound and Vibration, 2005, 286: 395-402.

[129] XING Z C, XU W, RONG H W, et al. Response to bounded noise

excitation of stochastic mathieu-duffing systems with time delay state feedback[J]. Acta Physica Sinica, 2009, 58（2）: 824-829.

[130] SOLARI H G, GILMORE R. Relative rotation rates for driven dynamical systems[J]. Physical Review A, 1988, 37（8）: 3096-3109.

[131] SHI P M, LIU B, XIAO H D. Chaotic motion of a relative rotation nonlinear dynamic system[J]. Acta Physica Sinica, 2008, 57（3）: 1321-1328.

[132] LIDSTRÖM P. On the relative rotation of rigid parts and the visco-elastic torsion bushing element[J]. Mathematics and Mechanics of Solids, 2013, 8（18）: 788-802.

[133] LIU S, LI X, LI Y Q, et al. Stability and bifurcation for a coupled nonlinear relative rotation system with multi-time delay feedbacks[J]. Nonlinear Dynamics, 2014, 77（3）: 923-934.

[134] HOU D X, ZHAO H X, LIU B. Bifurcation and chaos in some relative rotation systems with mathieu-duffing oscillator[J]. Acta Physica Sinica, 2013, 23: 1-11.

[135] YIN J L, ZHAO L W, TIAN L Y. Melnikov's criteria and chaos analysis in the nonlinear schrödinger equation with kerr law nonlinearity[J]. Abstract and Applied Analysis, 2014, 10: 1-12.

[136] CVETICANIN L. Melnikov's Criteria and chaos in systems with fractional order deflection[J]. Journal of Sound and Vibration, 2009, 3（2）: 768-779.

[137] 李月, 杨宝俊. 混沌振子检测引论[M]. 北京: 电子工业出版社, 2004.